가을에 심는
구근 이야기

가을부터 봄까지,
꽃이 건네는 따뜻한 위로

조자영 지음

가을에 심는 구근 이야기

가을부터 봄까지,
꽃이 건네는 따뜻한 위로

조자영 지음

돌배
나무

들어가는 말

잠을 떨쳐 내기도 전에 또 히루가 시작된다.

커피 한 잔 입에 털어 넣고 아이를 학교에 보낸 뒤 집을 정리한다.

해야 할 일을 다 끝내고 베란다에 나와 꽃을 보니 그제야 행복이 밀려든다.

튤립을 키운다고 하면 팔자 좋다는 얘기를 간혹 듣는다.

경제적 안정을 이룬 사람의 여유라고 생각하기 때문인 것 같다.

하지만 정작 내가 튤립을 키우기 시작한 시기는 내 인생에서 가장 힘들 때였다.

회사일로 힘든 남편과 아직 말이 통하지 않는 어린 딸.

당시 나는 어디에도 어려움을 말할 수 없었다.

그래서 하소연 대신 구근을 샀다.

난생처음 본 예쁜 수선화 세 알에 만 원.

택배비는 별도였다.

며칠 뒤 도착한 상자에는 수선화 외에 한 알이 더 들어 있었다.

바로 튤립이었다.

튤립을 처음 심어 본 건 아니었다.

양재동의 꽃 시장에 가면 늘 한두 꾸러미씩 사서 심곤 했었다.

그런데 서비스로 받아 키운 튤립은 뭔가 달랐다.

무슨 색인지, 꽃을 피우긴 할 건지, 전혀 몰라서 그랬을까.

꽃이 피었을 때 그때의 감동은, 많은 힘듦을 잊게 하는 것이었다.

'힘들어서 죽겠다'가 '힘들어도 괜찮아'로 바뀌던 순간이었다.

힘든 시기를 꽃을 통해 견뎌 냈고, 또 극복해 냈기에

나는 꽃의 힘을 믿는다.

우리는 우리 자신에게 참으로 인색해서

자신을 채찍질하기 위해 커피 한 잔은 잘만 사면서도,

나를 위해서는 꽃 한 송이도 아까워한다.

매일 마시는 커피 딱 한 잔 값만 아껴서 한 달에 한 번씩, 그렇게 1년
간 모으면 튤립 구근 120개를 살 수 있는 돈이 된다.

나에 대한 채찍질을 하루만 참으면, 봄날에 그 누구도 부럽지 않은
꽃밭을 갖게 되는 것이다.

지난 몇 년간 유튜브에서 튤립과 같은 추식구근을 키우는 방법을 알
려 주면서, 나보다 더 힘든 나날을 꽃을 키우며 견뎌 낸 수많은 분들

의 얘기를 들었다.

그중에는 식물이란 걸 처음 키워 보는 사람들도 있었다.

내게 주로 댓글을 달고 도움을 청하는 사람들은 나처럼 식물에 맞지 않는 장소에서 꽃을 피워 보고자 하는 이들이었다.

동향과 북향의 베란다에서, 흙 한 줌 허락되지 않는 기숙사에서, 베란다 없는 주택의 창가에서, 사람들은 염치없지만 그럼에도 예쁜 꽃이 피어나길 바랐다.

이 책을 쓰게 된 이유는 그런 분들에게 도움을 주기 위해서이다.

내가 받은 구원을 그들도 받았으면 한다.

물론 정원 가드닝에 대한 이야기도 담았으니, 정원에서 어려움을 겪고 있는 분들에게도 도움이 될 것이다.

그러나 어쨌든 정원은 자연이 해 주는 몫이 많아, 큰 실수만 하지 않으면 꽃을 보는 데 큰 어려움이 없다.

문제는 실내이다.

실내 공간은 실외와 많은 점이 달라, 하나부터 열까지 우리의 손이 가야 한다.

손길 하나에도 많은 고민으로 주저하는 분들에게 때론 망하고 때론 성공한 나와 구독자들의 경험들이 도움이 되길 바란다.

다만, 늘 하는 말이지만, 여러분의 환경에 대한 정답은 나의 정답과 다를 수 있다. 참고는 하되 맹신하지 말고, 여러분만의 정답을 찾았으면 한다.

부디, 여러분의 영혼에도 커피 한 잔 값의 꽃을 기꺼이 선물할 수 있길 바란다.

차례

들어가는 말 … 4

Part1
가을,
구근을 심다

가을은 추식구근을 좋아하는 사람들에겐 시즌이 시작되는 계절이다.

많은 것과 작별하는 시기에 새로운 시작을 하다니, 우리나라 정서에는 뭔가 순서에, 이치에 안 맞는 듯 느껴진다.

그러나 서양의 경우엔 가을에 학기가 시작되어 여름에 졸업을 한다.

시작과 함께 고난(겨울)이 찾아오고, 그걸 견디고 나면 결실의 계절(봄)이 오니, 어쩌면 추식구근의 사이클과 맞는 건 서양이 아닌가 싶기도 하다.

9월이 되면 행복한 고민이 시작된다.

가드너는 봄에 보고 싶은 정경을 상상하며, 어떤 식물의 어떤 품종을 몇 개 구입할지, 어디에 심을지 계획을 세운다.

이 계획에는 약간의 융통성이 필요하다.

우리가 원하는 품종이 있더라도 그해에 판매가 되지 않는 일이 허다하기 때문이다. 그러니 변동 가능성을 항상 염두에 두고 약간은 여유 있게 계획을 짜 보도록 하자.

추식구근의
구입 적기

우리나라에서 판매되는 추식구근은 고유종인 제주 향수선화를 제외하면 전량 외국(네덜란드, 프랑스, 이탈리아 등)에서 들여오는데, 한 품종씩 하나의 컨테이너를 채워서 오기 때문에 수입처에서 다양한 품종의 추식구근을 구매했다고 하더라도 그것들이 한데 모여 출발하려면 많은 시간이 소요된다.

　수입사에 따라 편차는 있지만, 일반적으로 생산지에서의 구근 수확 작업, 수확 시기, 후 작업 처리 등에 따라 구근이 수입되는 시기의 차이가 발생한다. 비교적 수확이 이르고 수확 시기가 크게 차이가 나지 않는 크로커스와 프리지아, 라넌큘러스, 아네모네는 일찍 수입되고, 히아신스나 수선화는 그것의 권장 식재 시기와 상관없이 일찍 혹은 늦게 수입된다. 비 인기 품종의 경우엔 합적하느라 시간이 걸려 늦게 출발하기도 한다. 튤립의 경우에는 G-stage(구근에서 꽃이 만들어지는 일련의 단계. 총 7단계로 이루어진다) 생성 여부 및 후사리움(붉은 곰팡이병) 방지를 위한 건조 엑스레이 방식 등으로 상품성 및 안정성을 따진 후, 필요 시기에 맞춰 수입이 된다. 튤립은 정말 다양한 방식의 재배 속도 촉진 방법이 존재해서, 조생종과 만생종처럼 식재 시기와 수확 시기에 차이가 나는 품종 간에도 큰 구별 없이 수입하고 있다.

도착하는 루트는 같지만 판매 전략은 종묘사마다 다르다. 구근이 도착할 때마다 각각 올려 파는 판매처도 있고, 모아 두었다가 한 번에 오픈하는 판매처도 있기 때문에, 이를 염두에 두고 구매 전략을 짜야 한다. 다른 곳에서도 팔겠지 하고 낙관하다가 그 품종이 품절되어 영영 구입하지 못하는 경우도 눈에 띈다. 그러니 꼭 사야 하는 구근이 있다면, 가격을 더 지불해서라도 미리 확보해 두는 것도 나쁘지 않다.

여기서 잠깐, 튤립을 비롯한 추식구근이 수입되는 루트를 살펴보자. 먼저 우리나라 종묘사들이 4월부터 6월까지 네덜란드 농장의 판매 리스트를 받아 구입하고자 하는 품종을 정한 후 수입을 의뢰한다. 그러면 네덜란드 농장은 구근의 꽃눈 분화 작업과 후처리 작업을, 경우에 따라선 저온 처리 작업까지 끝낸 후 구근을 상자에 담아 우리나라로 보낸다. 보통은 구근이 섞이는 것을 방지하기 위해 한 컨테이너에 한 품종씩 담아서 배편으로 보내지만, 급한 경우엔 높은 운임료를 부담하고 비행편으로 보내기도 한다.

항구와 공항에 도착했다고 해서 바로 구매자에게 전달되지는 않는다. 대부분의 국가가 식물의 반입 시 병해 유무를 체크하기 때문이다. 이를 대비하여 식물의 주 수출국인 네덜란드는 사전에 소독을 진행한 후 구근을 송부한다. 소독을 하는 기준은 국제 표준 기준이다. 우리나라는 국제 기준보다 더 까다로운 검역 기준을 가지고 있어 네덜란드에서는 문제가 되지 않지만 우리나라에서는 문제가 되는 벌레나 바이러스가 검출될 수 있다.

　　식물방역법에 따라, 튤립을 포함한 모든 구근은 전수 조사를 기본으로 하지만, 수량이 너무 많은 경우 그 안에서 임의로 빼내어 검사를 진행하기도 한다.

　　검역 과정에서 금지 병해충이나 바이러스가 발견되면 전량 폐기 및 소각되지만, 우리나라에도 있는 병해충이거나 일반인이 쉽게 구할 수 있는 농약으로 해결되는 병해충의 경우엔 훈증 처리를 받은 후 검역을 통과하게 된다. 이때 발생하는 비용 역시 수입사가 전부 부담한다. 벌레를 죽일 정도로 강한 힘을 발휘하는 훈증 처리는 보통 벌레에만 영향을 미치지 않는다. 구근 역시 문제가 발생할 수 있는데, 이로 인해 불량 구근과 폐기 구근이 생기며 이는 구근 가격의 상승으로 이어지기도 한다.

　　이렇듯 우리가 받는 구근은 똑같이 보내도 받는 루트에 따라, 검역 과정에 따라 각기 다른 비용이 추가되어 도착한다. 수출 농장에 따라, 구매 시기에 따라, 구근의 품질에 따라, 구근의 사이즈에 따라

가격이 달라지며, 경우에 따라서는 식물 개런티를 별도로 부담하며 각기 다른 가격으로 판매된다.

간혹 폐기에 대한 리스크를 부담하지 않기 위해 수입처에게 통관된 구근을 납품 받아 판매하는 종묘사들도 있다. 이런 종묘사들은 네덜란드에서 직수입하는 것이 아니라, 수입된 구근을 돈 주고 사와서 거기에 마진을 붙여 파는 식이기 때문에, 판매가가 또 올라가 버린다.

추식구근 중에서 가장 먼저 수입이 되어 판매되는 구근은 프리지아나 라넌큘러스, 아네모네 같은 구근들이다. 빠른 곳에서는 8월부터 판매를 하며, 보통은 9월부터 판매를 시작한다.

그다음은 크로커스다. 추식구근 중에선 빨리 꽃을 피우는 식물이기 때문에 일찍 심는 편에 속하는 구근이다. 특히나 크로커스 중에는 11월에 꽃을 피우는 샤프란Sativus이나 요나터스Zonatus 같은 품종도 있기 때문에 가급적 빨리 들여와 빨리 판매를 하는 편이다.

수입되는 루트와 개런티, 등록비 등에 따라 구근 가격은 달라진다.

그다음으로는 무스카리와 튤립, 수선화와 히아신스가 들어온다. 앞서 얘기한 추식구근은 주 수입처가 절화 농장이기 때문에 수입량이 많지 않다면, 이들 추식구근은 일반인들도 많이 구입하는 데다가 구근의 크기가 크기 때문에 한 컨테이너씩 채워서 한 품종씩 도착하는 경우가 많다.

결국 판매처마다 모든 품종을 일시에 판매한다기보단 도착하는 순서대로 판매창을 오픈하는 경우가 대부분이기 때문에, 이들 식물군을 구입하고자 한다면 시간적 여유를 두고 구입 여부를 결정하는 것을 추천한다.

그 외에 오니소갈룸, 익시아, 스파락시스, 치오노독사, 쉴라, 푸쉬키니아, 카마시아, 블루벨, 갈란투스스노우드롭, 알리움, 구근 아이리스, 히야신소이데스, 패모프리틸라리아 등은 소비층이 넓은 추식구근이 아니기 때문에 매년 정해진 날짜에 수입된다고 보기 어렵다. 판매처의 사정에 따라 도착 시기가 달라지기도 하므로, 9월부터 판매 여부를 체크하고 있어야 기회를 놓치지 않는다.

우리나라의 식물 검역의 현실

우리나라는 금지된 병해충 및 바이러스 PCR 검사 결과, 아무것도 검출되지 않은 식물만이 검역을 통과할 수 있다. 코로나로 유명해진 PCR 검사는 바이러스를 증폭하여 실시하는 검사이기 때문에 생명체에서 바이러스가 아예 검출되지 않는 제로(0)란 사실상 없다. 특히나 주 생산국인 네덜란드에서 추운 항로를 통해 빠르게 구근을 조달받는 대부분의 나라와 달리, 항로상 거리가 제일 멀고 인도양의 따뜻한 바다를 지나 구근을 전달받는 우리나라는 건강한 구근을 받기에 최악의 위치에 있다. 북한과의 정전협상으로 시베리아 횡단 열차가 연결되거나, 지구 온난화로 북극의 얼음이 녹아 베링 해협이 열리면 상황이 달라질지도 모르겠지만, 현재는 가장 멀고도 열악한 경로를 통해 가장 최악의 구근을 받고 있는 것이 우리나라의 현실이다.

이런 상황에서 우리나라 종묘사들은 상품 금액을 포함하여 소각 비용과 폐기 비용까지 전부 부담하고 있다. 다른 나라의 경우엔 수출사와 수입자가 나눠서 분담하는데 왜 우리나라만 이 모든 리스크를 전부 부담하고 있을까?

한국은 다른 나라보다 더 엄격한 검역 기준을 가지고 있다. 무분별한 외래종의 반입으로 고유의 생태계가 파괴되는 것을 막고자 함도 있지만, WTO나 FTA 같은 각종 경제 협약 체결 속에서 식량 주권을 지키고 자국의 농민을 보호하기 위한 완충 규약을 만들면서, 식물방역법이 더 엄격하고 까다로워진 부분도 있다.

그 결과 외국에서 한국에 식물을 수출할 경우 검역에 걸려서 식물을 폐기 및 소각하는 경우가 많다 보니, 그 비용을 부담해야 하는 수출사 입장에선 한국에 식물을 수출하는 것을 꺼리게 되었다. 이에 당장 식물 수입을 해야 하는 한국 종묘사들이 모든 리스크를 기꺼이 떠안으며 불공정 거래를 체결하고 있는 실정이다.

경영상 위험 부담이 높으니 수입을 포기하면 되지 않냐 할 수도 있지만, 구근 식물은 단지 추식구근을 심는 사람들의 만족을 위해 수입하는 것이 아니다. 구근은 절화를 생산하는 농가의 생업과도 관련이 있고, 축제나 관공서 등 사회 전반에 관련되어 있다.

우리가 졸업식이나, 입학식, 각종 기념일에 튤립 꽃다발을 손쉽게 선물할 수 있는 것도 국내 농가들이 튤립 절화를 저렴하게 생산하기에 가능한 일이다. 만약 추식구근의 수입을 멈추게 되면 튤립을 포함한 각종 추식구근의 절화를 전량 수입해서 사용해야 하는데, 그렇게 되면 절화의 가격이 상승하며 우리가 꽃다발을 합리적인 가격에 구매하는 것이 불가능해지게 된다. 물론 현재도 추식구근 절화의 일부는 수입해서 사용하고 있지만, 수입 절화의 가격이 아직은 감당할 수 있는 수준으로 형성되는 이유는 국내에서도 많은 추식구근 절화가 생산되고 있기 때문이다.

한국의 경제적 위상과 경제 구조는 20~30년 전과는 많이 달라져 있다. 식량 안보의 측면에서 자국의 식량식물을 보호하는 간접적 형태로의 식물방역법은 유지되어야 하겠지만, 검역 기준의 완화는 외화 낭비를 위해서도 꼭 필요해 보인다. 부디 조속히 식물 검역에 관한 현실적인 법 개정이 이뤄져 관련 산업에 종사하는 수입사와 농가들이 피해를 보는 일이 없기를 바라는 마음이다.

구근
구입 요령

추식구근을 판매하는 종묘사 중에서 오프라인에 판매 채널을 가지고 있는 경우는 많지 않다. 직접 방문해서 구입하는 경우 구근 상태와 크기를 눈으로 보고 사는 이점이 있으나, 판매 정책에 따라서는 구근을 직접 고르는 것이 허용되지 않는 경우도 있다. 오프라인 매장이 가까이에 있지 않다면, 오고 가는 교통 비용까지 고려했을 때 온라인으로 사는 것이 더 저렴할 수도 있다.

택배비의 경우 대략 3천원에서 4천원 선이고, 업체마다 다르긴 하지만 일정 금액 이상 구입 시 택배비가 면제되는 경우가 많으므로, 이 점을 잘 계산하여 구입하는 것을 추천한다. 종묘사에 따라서는 포장비를 따로 받는 경우도 있으니, 반드시 확인을 하자. (이 경우 '포장비'란 포장하는 인력에 대한 인건비를 말하는 것으로, 별도의 포장 소품에 대한 비용을 의미하는 것이 아니니, 포장 퀄리티에 대

한 기대는 하지 않는 게 좋다.)

구근을 구입할 때에는 해당 종묘사의 서비스 정책을 확인해야 한다. 깨끗한 구근이 도착하면 문제가 없으나, 간혹 내가 산 것과 다른 구근이 도착하거나, 구근이 상하거나, 벌레가 발견될 수도 있기 때문이다. 대부분의 종묘사는 교환 및 환불을 방침으로 하고 있으니, 적은 비용이라고 넘어가지 말고 꼭 적극적으로 보상을 받는 것을 추천한다.

같은 품종이더라도 판매처별 사이즈의 차이를 보이는 경우가 있다. 다른 판매처보다 현저하게 비싸거나 저렴하다면 사이즈가 다른 것은 아닌지 확인해 보자. 간혹 사이즈에 상관없이 비싸게 구근을 판매하는 곳도 있으니, 비싼 게 반드시 크고 좋은 것이라고는 생각하지 않기를 바란다.

튤립의 경우엔 비행편으로 들어오는 구근이 평균적으로 사이즈가 작은 편인데, 배편으로 들어왔다고 하더라도 품종 자체의 특성에 의해 사이즈가 작은 구근도 있다. 요즘은 판매 단가를 맞추기 위해 일부 비싼 품종은 작은 사이즈로 가져오는 경우도 있으니, 판매처가 여러 곳이라면 사이즈와 가격을 비교해 보고 사는 것을 추천한다. 수입되는 구근은 개화구(꽃을 피우는 구근) 안에서 가져오기 때문에 작아도 꽃을 보는 데 문제가 없다. 혹자는 구근이 클수록 꽃이 크고 키가 커지므로, 웃자라기 쉬운 실내 가드닝 현실상 키가 작게 나오는 작은 구근이 되려 낫지 않냐고 생각할 수도 있다. 그러나 애초

겹꽃의 풍성함은 구근의 양분에서 나온다.

에 가드닝용으로 수입하는 구근은 절화 생산용으로 수입하는 구근보단 사이즈가 작기 때문에 거기서 굳이 더 작은 구근을 구해 심을 필요는 없다. 그리고 꽃잎이 여러 개인 겹꽃의 경우엔 구근이 작으면 꽃잎이 적어지며 전체적인 화형이 아름답지 않게 나올 수도 있으니, 겹품종이라면 특히나 큰 구근을 구입하도록 한다.

구근을 받았을 때 구근이 너무 작게 느껴진다면 다른 판매처에서 파는 구근의 사이즈는 어땠는지 비교해 보자. 만약 해당 판매처만 지나치게 작은 거라면, 반품을 하는 것을 추천한다. 추식구근은 구근에 담겨진 양분에 따라서 꽃의 크기가 달라지기 때문에, 구근이 작을 경우 꽃이 작게 피고, 꽃잎의 개수가 부족할 수도 있다. 또한 곰팡이나 무름병 등으로 인해 구근의 손실이 병행된 경우, 양분의 부족으로 개화 도중 꽃이 말라 버리는 일도 발생한다.

　식물에게 시련이 찾아왔을 때 그것을 이겨 내는 면역력, 체력은 모두 밥심(영양분)에서 온다. 때문에 같은 조건이라면 사이즈가 큰 쪽이 과습, 건조, 각종 병해에도 강한 편이다. 다만 품종마다 개화구 사이즈는 달라지기 때문에 구근이 작다고 해서 무조건적으로 꽃이 안 핀다거나 문제가 있는 것은 아님을 유의하자. 원래 구근이 유난히 큰 품종이 있고, 작지만 알찬 꽃을 피우는 품종도 있다. 반품과 환불을 하기 전에 종묘사와 충분한 상담을 나눠 보길 권장한다.

개화구란?

추식구근의 구근은 뿌리처럼 보이지만, 엄밀히 말하면 뿌리가 아니라 줄기의 일부**인경**이다. 땅속 줄기에 다량의 탄수화물을 저장해 추위와 건조를 극복하도록 진화한 것이다.

　추식구근은 구근에 저장한 탄수화물 양에 따라 꽃눈 형성 여부가 달라진다. 구근은 꽃을 피우는 양분으로써의 역할도 있지만 종족 번식을 위한 씨앗으로의 역할도 있다. 이들 식물은 다른 꽃들처럼 수정이 항상 잘되는 것이 아니기 때문에, 씨앗보단 구근이 더 안정적인 번식 도구이다. 그런데 만약 구근에 저장된 영양분이 적은데 꽃눈을 만들어 억지로 꽃을 피워 버리면 그로 인해 구근의 양분이 고갈되어 대가 끊기게 될 가능성이 높아진다.

그래서 이들 식물은 꽃을 피우고도 안정적으로 번식을 할 수 있도록 구근에 충분한 양분(탄수화물)이 비축된 경우에만 꽃눈을 만든다. 이렇게 꽃눈을 만들 수 있는 구근을 '개화구', 꽃눈을 만들지 않고 잎만 만들어 광합성에만 집중하는 구근을 '성장구'라고 한다. 일반적으로 개화구일수록 구근의 크기가 크고, 성장구일수록 작아진다. 개화구 사이즈는 식물군과 품종마다 다르기 때문에 작아도 꽃을 피우는 식물도 있고, 꽤 큰 크기여도 꽃을 안 피우는 식물도 있다.

개화구에 대한 오해 중 하나는 꽃눈이 형성되면 양분을 일체 공급받지 못해도 꽃을 피운다는 것인데, 그것은 사실이 아니다. 식물은 그 식물이 깨어난 후 흙이나  햇빛을 통해 추가적인 에너지를 조달받을 것을 가정하고 꽃눈을 만들기 때문에, 커트라인을 간신히 넘긴 구근을 빛을 전혀 쬐지 못하는 암실에서 키우면, 꽃눈은 만들었어도 개화까지 이어지지 못하고 중간에 꽃이 말라 버리는 일이 발생할 수 있다.

판매용 구근은 다양한 환경에서의 생육(예를 들면 수경 재배 같은)을 전제로 하기 때문에 간신히 꽃눈을 만든 구근보단 좀 더 큰 사이즈로 수입한다. 그래서 구입한 구근은 다양한 방법과 환경에서 키워도 되지만, 수확한 구근의 경우엔 간신히 개화구가 된 구근도 있을 수 있기 때문에, 빛과 양분이 부족한 실내에서 키우는 것보단 빛과 양분이 풍부한 실외-노지에 심어 키우는 것을 추천한다.

소모성 구근

한국에 추식구근에 대한 정보가 별로 없었을 땐, 튤립이나 히아신스 같은 추식구근이 '소모성 구근'이라는 오해를 받곤 했다. 구근을 개량한 과학자들이 종자 보호를 위해 일부러 구근이 작아지다 사라지게끔 유전자 개량을 했다는 얘기도 있었다.

현업 종사자를 통해 듣기로는, 네덜란드의 대외비 문서에 튤립 구근의 30%가 매해, 30%는 몇 해만, 30% 정도는 한 해만 꽃을 피우고 소모된다고 적혀 있었다고 한다. 그 정보와 자료에 대해선 여전히 의문을 가지고 있으나, 경험적으로 봤을 때 확실히 그 정도 비율로 튤립이 개화하긴한다. 다만 이 경우에도 품종 자체가 유전적 안정성이 떨어져서 지속적개화가 어려운 경우도 있겠으나, 구근 퇴화를 초래하는 각종 바이러스에감염된 구근이 진딧물이나 총채벌레 같은 흡즙성 해충을 통해 이웃 구근에 병을 옮겨 3~4년에 걸쳐 구근이 전체적으로 소멸하는 경우도 없다고는 할 수 없다.

추식구근의 주 생산국인 네덜란드는 대부분의 공정을 기계화하여 생산성을 끌어올리지만, 거의 유일하게 많은 인력을 투입하여 섬세함을 챙기는 공정이 바이러스에 감염된 구근을 추려 내는 공정이다. 네덜란드에서는 꽃이 피는 시기가 되면 수많은 사람들이 일렬로 서서 튤립 밭을 걸으며 바이러스에 감염되어 색이 갈라지거나 변색이 된 튤립의 꽃대를 꺾고 약제 처리를 한다. 우리나라의 경우 튤립 생산 농가가 아닌 이상 바이러스에 감염된 구근을 따로 관리하진 않기 때문에, 딱 하나의 감염 구근이 섞여 있어도 이것이 전체 구근의 감염으로 이어져 구근이 소모되고 퇴화되는 결과로 이어지기도 한다.

한편 구근 비대가 까다롭고 어려운 알리움과 튤립을 빼곤, 추식구근의 대부분은 구근 비대가 어렵지 않다. 빛이 부족한 실내에선 개화구 사이즈로 구근을 키우는 것이 어려운 일이지만, 하루 3~4시간의 빛이 꾸준히 들어오는 환경만 되어도, 온도 조절만 잘한다면 개화구 사이즈로 구근을 비대하고 번식시킬 수 있다.

그러니 추식구근을 키우고 있다면 구근을 일회성으로 생각하지 말고, 구근 비대와 번식을 위해 하나하나 정성을 쏟아 온도 관리와 빛 관리를 해 주길 바란다. 경험한 사람으로 단언컨대, 몇 년 동안 잎만 내던 구근에서 꽃이 피면 최상품 구근을 심어 꽃을 보는 것 못지 않은 감동이 있다. 식물은 절대 중도 포기하지 않는다. 우리가 포기하지만 않는다면.

처음 심었던 히아신스.

관리를 어떻게 하는지 몰라 그냥 뒀더니 구근이 손톱만큼 작아졌다.

그 구근을 작은 포트에 심어 빛 좋은 곳에 두었다.

한두 개 길쭉 나온 잎이

광합성은 제대로 하나 의심스러운 날도 있었다.

누군가는 돈과 노력을 낭비하는

어리석은 짓이라고 했다.

그러나 나는 생명이 깃든

그 작은 구근을 차마 버릴 수 없었다.

4년째 되던 날, 기대도 안 했던 그 구근에서 네 송이의 꽃이 피었다.

처음 봤을 때보다 더 또렷하고 아름다운 꽃이었다.

들인 시간과 흙 값을 생각한다면 경제적으로 손해일지도 모른다.

그러나 그것을 따지는 것은 농부의 마음이다.

가드너의 마음은 저 네 송이의 꽃으로도 충분히 보상받았다.

내가 쏟은 시간과 정성은 투자가 아니라 돌봄과 후견이었기에,

포기하지 않고 차곡차곡 양분을 모아 꽃을 피워 낸 히아신스가 마냥 기특했다.

잠깐 눈을 돌려 풀이 죽은 아이를 바라본다.

오늘 치의 영어 공부를 제대로 하지 못했다고 단단히 혼이 난 후다.

나는 아이를 농부의 마음으로 기르고 있는 것인가, 가드너의 마음으로 키우고

있는 것인가.

잠시 깊은 생각에 잠겨 본다.

구근을 직접 사서 가져오고 싶다면?

가을이나 겨울 즈음 외국을 여행하다 보면 저렴한 가격의, 혹은 우리나라에선 판매되지 않는 종류의 추식구근을 판매하는 것을 보게 된다. 이땐 몇 가지 절차를 밟으면 합법적으로 구근을 한국에 가져올 수 있으니, 그 방법에 대해 자세히 알아보도록 하자.

1. 구근을 구입하기 앞서, 해당 구근을 해당 국가에서 가져오는 것이 가능한지 확인해 보자.

   현 시점(24년 5월 기준)에서 다알리아 구근은 영국의 웨일즈, 잉글랜드 산이 국내 반입 금지이다. 해당 지역에 치료가 불가능한, 혹은 어려운 구근 병이 발생했기 때문이다. 이처럼 식물은 그때그때 상황에 따라 국내 반입이 금지될 수 있다. 따라서 무턱대고 구근부터 사지 말고, 일단 농림축산검역본부 홈페이지에 들어가 수입 식물 검역 정보에서 해당 식물이 금지 식물인지, 혹은 임시적으로 긴급 수입 제한 조치에 걸린 식물인지 확인해 보도록 하자. 반입이 가능하다고 판명되더라도 바로 구입해서는 안 된다. 또 다른 요인에 의해서 반입이 안 될 수도 있으니, 우선 검역 신청 서류를 쓰는 것을 추천한다.

2. 농림축산검역본부 홈페이지에 회원 가입을 하면 '검역증명서 첨부 제외 승인 신청서'를 작성할 수 있다. 대량으로 구입하고자 한다면 검역증명서를 발급받으면 되지만, 판매사의 협조가 필요한 부분이라 일반인들에겐 만만찮은 일이다. 우리나라는 일정 수량

미만의 식물에 관해서는 검역증명서 제출을 면제해 주고 있는데, 이 면제를 받기 위한 신청서가 '검역증명서 첨부 제외 승인 신청서'이다.

양식에 따라 작성해서 신청을 하면 보통 하루 정도 지나 승인이나 반려를 한 후 해당 사실을 문자와 통화로 알려 준다. 만약 수입은 가능하지만 정보 기입 등의 문제로 반려되었다면 재승인에 또 하루가 소요되므로, 귀국일에 임박하여 신청하는 것보다 미리 작성하여 반입 여부를 확인하는 것이 좋다.

3. 신청서가 승인되었다면 이제 구근을 구입해 보자. 추식구근의 경우에는 100개 이하의 수량은 검역증명서 제출이 면제되어 있으니, 캐리어가 허락하는 한 많이 구입해서 오는 것이 좋다. 단, 이때 각 품종마다 1개씩 구입할 경우 모든 수량을 전수 검사하게 되니, 품종별로 여러 개의 구근을 여유 있게 구입하자.

4. 해당 국가에서 소독을 하고 판매하겠지만 아닐 가능성도 있고, 또 그 나라에선 대수롭지 않게 생각하는데 우리나라에선 심각하게 받아들이는 해충과 바이러스가 있을 수도 있다. 그래서 가급적이면 깨끗하게 손질하여 가져오는 것을 추천한다.

흙은 온갖 미생물과 바이러스의 온상이므로, 최대한 흙을 털어 내고, 껍질도 가급적 벗겨 낸 뒤 가능하면 깨끗하게 닦도록 한다. 주의할 점은 겨울 이후 구입하는 구근은 저온 처리가 끝나서 물이 닿는 순간 뿌리가 터져 나올 수 있다는 것이다.

식물방역법에서는 종자의 기준을 뿌리가 안 난 것으로 보고 있기 때문에, 만약 뿌리가 나게 되면 그때부턴 구근이 아니라 식물로 분류된다. 기존에는 뿌리가 나면 묘목이나 삽수로 인정되어 10개 이하의 수량에서는 통과가 되었으나, 최근 법 개정으로 묘목과 삽수의 경우 검역증명서 첨부가 의무화되었기 때문에, 구근에 뿌리가 나면 통과가 안 된다. 그러니 물에 담아 세척하기보단, 마른 천에 물을 살짝 묻혀 뿌리 부분을 비켜 가면서 나머지 부분을 조심히 닦아 내는 것을 추천한다.

식물방역법에 따른 검역증명서의 첨부 제외 수량			(2024년 7월 기준)
구분		단위	기준 수량
버섯종균			10 이하
구근류	감자·고구마	개	20 이하
	감자·고구마 이외		100 이하
종자류	소립종		100 이하
	중·대립종	g	500이하
포자류			1000이하
수분용 화분			500이하

※ 비고　1. 묘목류(삽수 접수 포함) 등 기준수량표에 없는 품목은 검역증명서를 첨부하여야 한다.
　　　　2. 종자류란 식물의 진정종자로서 씨앗을 말한다.

5. 반입을 할 때, 공기가 통하지 않는 지퍼백 등에 밀봉하여 가져오는 것은 절대 해서는 안 될 일이다. 내부 습기로 인해 구근의 부패가 진행되거나, 뿌리 발아를 촉진할 수 있기 때문이다. 깨끗한 신문지나 키친타월에 싸서 가져온 후, 공항이나 항구 내에 있는 농

림축산본부에 신청서와 식물을 제출하도록 하자.

검역이 끝난 구근은 공항이나 항구를 직접 방문하여 수령할 수도 있고, 우편으로 받아볼 수도 있다. 우체국 택배를 이용하기 때문에 웬만하면 익일 도착하므로 비용 면이나 시간 면에서도 우편으로 받는 것이 좋다.

6. 검역 비용은 무료이나 우편으로 받을 때 택배비는 착불이며, 만약 병해나 바이러스가 검출되어 폐기 및 소각 처분이 내려진다면 이 폐기 절차에 소요되는 비용은 본인 부담이다.

7. 위의 내용은 2024년의 식물방역법을 기준으로 설명한 내용이기 때문에, 법령이 바뀌면 내용이 달라질 수 있음을 감안하고 항상 최신 법령에 맞게 준비하길 바란다.

8. 농림축산검역본부 홈페이지에 가입하기 위해서는 본인 인증 절

싹이 난 구근 / 이동 중 싹이 나는 경우는 흔하다.
뿌리만 돋지 않으면 구근으로 수입 가능하다. 그러나 뿌리가 나는 순간 식물로 분류된다.

차를 거쳐야 한다. 본인 명의의 핸드폰으로 인증 번호를 보내주기 때문에, 만약 유심칩을 교체한다면 회원 가입이 어렵다. 그러니 식물을 반입할 의사가 있다면 국내에서 가입한 후 출국하는 것을 추천한다. 신청서를 작성한 후에도 승인 여부, 보충해야 할 사항 등을 전화와 문자로 자세히 알려 주기 때문에, 승인을 받기 전까지는 임시로 유심칩을 한국에서 쓰던 것으로 바꿔 놓는 것이 좋다.

구근,
껍질을 까야 하나

구근을 구입하여 심으려고 하면 가장 먼저 맞닥뜨리는 문제가 껍질을 벗겨야 하느냐이다.

예전에는 그런 고민을 하지 않고 껍질째 심었다. 자연 상태에서 그렇게 자라니, 그런 모습을 최대한 유지해 주며 심는 것이 '최선'이라고 생각했던 탓이다.

그런데 그렇게 식재를 하자 생각지 못한 문제가 생겼다. 썩거나 꽃이 안 피는 구근이 생겨난 것이다. 판매사에서는 10개의 구근을 사면 1개 정도 썩는 것이 당연한 이치라고 했다. 그러나 막상 심어 보니 그 정도 비율에서 끝나지 않았다. 봄날이 계속될수록 꽃이 시들거나 썩는 등 문제가 있는 구근이 점점 늘어났다.

이와 같은 일이 생기는 이유는 무엇이었을까? 바로 뿌리응애와 같은 구근 해충의 번식 때문이었다.

뿌리응애는 구근을 먹고 사는 해충이다. 번식력이 대단해서 몇 주만에 400~500개의 알을 까고 대가족이 순식간에 구근을 먹어 치워 버리는데, 영리하게도 뿌리가 있는 아랫면부터 침투해 온다. 외피는 가만히 두고 안쪽만 갉아먹기 때문에, 병변이 상당히 진행되도록 위에서 대충 봐서는 발견하기 어렵다.

이 뿌리응애는 성충이 1mm의 투명한 원형의 모습을 하고 있다. 그래서 한꺼번에 발견되면 모를까, 단독으로 흙에 섞여 있으면 석영질 모래와 흡사하여 구별하기 쉽지 않다. 기온이 떨어지는 겨울에는 활동성이 떨어져서 하나의 구근에 자리를 잡고 있지만, 온도가 올라가는 봄이 되면 활동성이 증가하며 흙을 통해 다른 구근, 다른 화분으로 이동하기도 한다.

뿌리응애,
뿌리파리유충 모습.

우리나라는 초봄의 온도 상승이 가파르기 때문에 꽃이 필 때쯤엔 한두 개의 구근만이 뿌리응애로 인해 꽃을 피우지 않은 것처럼 보인다. 하지만, 개화가 진행될수록 다른 구근에도 옮겨붙어 꽃이 일찍 시드는 원인을 제공하기도 한다.

그럼 이런 뿌리응애와 구근 껍질은 어떤 관계가 있을까? 그것은 종묘사의 구근 선별 방법과 관련이 있다.

주문이 들어오면 판매사는 구근을 포장할 때 겉모습을 대략 확인하고, 무게를 손으로 가늠한 후 포장하기 시작한다. 이때 거를 수 있는 건 구근 부패병으로 구근이 심지 안쪽까지 바싹 말라서 가벼워진 경우나, 구근 무름병으로 인해 외피의 상당 부분이 물컹하고 곰팡이가 핀 정도이다. 뿌리응애로 인한 구근 손실이 상당히 진행된 경우엔 구근이 가벼워지거나 혹은 물컹거려서 선별 과정에서 걸러질 수 있겠지만, 약간 진행한 정도는 무게나 질감에 큰 차이가 없기 때문에 위와 같은 선별 방법으로 골라 내기가 쉽지 않다. 또한 뿌리응애의 특성상 구근의 밑부분부터 침투하기 때문에 이 부분을 확인하려면 부득이하게 껍질을 제거해야 하는데, 이렇게 껍질을 제거한 순간 구근으로서의 상품성이 없어지기 때문에 판매사가 뿌리응애를 걸러내기 위해 할 수 있는 노력에는 한계가 존재한다. 수출 과정에서, 그리고 검역 과정에서 방제를 하지만 구근 겹겹이 끼어 들어가 숨어 있는 뿌리응애를 100% 제거하는 것은 쉽지 않다. 그리하여 결국은 정도의 차이가 있을 뿐, 적지 않은 확률로 뿌리응애가 포함된 구근들이 판매된다.

문제는 구근을 구입한 소비자는 이러한 사정을 전혀 알지 못한다는 것이다. 상식적으로 돈 주고 구입한 구근에 병해충이 있을 거라곤 쉽게 생각하기 어렵다.

그동안 종묘사가 구근을 주로 납품하던 절화 농가의 경우엔 농촌 진흥청에서 교육을 받고 농업기술센터의 조력을 받아 꽃을 키웠기 때문에, 해충의 존재 여부가 크게 문제되지 않았다. 어차피 대응하지 못할 정도로 강력하거나 낯선 병해충은 검역 단계에서 걸러지니, 우리나라에도 많은 뿌리응애쯤은 이들에겐 진딧물처럼 사소한 문제였다.

그러나 가드닝의 영역에서 추식구근을 심는 사람들의 경우엔 해충에 대한 정보와 인식이 전혀 없었기 때문에, 벌레로 인해 구근 생장에 문제가 생겨도 적절히 대응하기 어려웠다. 특히나 뿌리응애의 경우, 겉보기엔 정상 구근처럼 보이기 때문에 싹이 안 자라는 이유를, 싹이 노래지는 이유를 구근에서 찾기가 어려웠다. 실패의 이유를 딴 데서 찾으니 문제가 개선될 리 없고, 실패를 경험한 사람들은 자책감과 함께 추식구근 키우기를 영영 포기해 버렸다.

우리나라에선 추식구근을 일반 소비자가 구근으로 구입하여 심은 역사가 짧고, 튤립이나 수선화 같은 식물을 구근의 형태로 구입하여 키울 수 있다는 것을 아는 사람이 많지도 않았다. 그나마 이런 내용에 대해 알고 있는 소비자의 대부분도 타샤 튜더를 꿈꾸며 정원이나 화단에 식물을 키우는 실외 가드너였다. 노지의 경우엔 전용 약제로 방제를 하지 않아도 돌지네 같은 천적이 뿌리응애를 잡아먹는 경우가 많아서, 뿌리응애가 붙은 상태로 심어도 피해가 심각하게 나타나는 경우가 적었다. 그러나 실내 가드닝은 소독된 흙을 사용하기 때문에 천적이 전무하여, 뿌리응애가 조금만 있어도 큰 피해를 입었다.

기존의 가드닝 가이드는 전문 절화 농가나 아니면 정원 가드너를 대상으로 했기 때문에 실내 가드닝에는 맞지 않는 부분이 많았다. 이 점을 간과하고 노지 식재 방식을 그대로 답습하여 구근을 심으니 무수히 많은 실패가 발생하는 것도 당연하다. 실내와 노지의 차이를 알고 그에 따라 다르게 대응했더라면 지금쯤이면 더 많은 실내 가드너들이 추식구근을 포기하지 않고 예쁘게 키우고 있지 않았을까. 아쉽고 안타깝다.

추식구근을 껍질째 소독할 수도 있지만 추식구근의 목질화된 갈색 껍질 안쪽에는 균이나 벌레가 숨기 쉬운 털(섬유질)이 발달되어 있다. 그 사이사이에 숨어 들어 소독에도 불구하고 목숨을 부지하는 벌레들이 한두 개쯤은 있을 수 있다는 게 문제다.

노지에 심을 경우에는 껍질이 본래의 목적, 즉, 땅강아지 같은 사나운 곤충의 위협으로부터 연약한 구근을 보호하고, 겨울철 추운 냉기로부터 구근이 얼지 않게 보호하는 역할을 충실히 수행할 수 있다. 그래서 껍질을 제거하지 않고 심어도 좋으나, 실내의 경우엔 흙 속에 땅강아지 같은 곤충도 없고, 뿌리를 얼릴 정도로 지독한 추위도 없기 때문에 굳이 껍질을 남겨 둘 실익이 없다.

오히려 심기 전에 껍질을 제거하면, 구근이 뿌리응애 같은 해충이나 무름병, 부패병 같은 병의 피해를 입지 않았는지 확인할 수 있으니, 그로 인한 이점이 더 크다.

조기에 문제를 확인하면 구근을 빠르게 교환 받을 수 있기 때문에, 해당 구근이 품절되기 전에 그 구근을 다시 확보할 수 있는 것도 장점이다. 그러니 혹시 구근을 구입했다면 그 구근을 당장 심지 않더라도, 일단은 받자마자 껍질을 벗겨서 구근의 상태를 확인하는 것을 추천한다.

구근을 살펴보면 외피에 딱지가 지듯 갈색으로 마른 부분도 있고, 그 부분에 곰팡이가 피어 있거나, 젤리 같은 고분자 수지가 맺혀 있을 때도 있다. 이런 부분은 보통 외상과 균 침입으로 발생한다. 추식구근의 주 생산국인 네덜란드는 구근의 식재 및 수확을 전부 기계로 한다. 수확한 구근을 세척하고 분별한 후 포장할 때까지 사람 손보단 기계의 힘을 빌리는 일이 더 많기 때문에, 그 과정에서 낙차에 의한 외상이 생길 수밖에 없다. 어차피 외피는 그해 겨울에 양분과 수분을 줄기와 꽃에 양보하고 말라 죽으며 목질화될 부분이기 때문에 개화에 영향을 주지 않는다. 다만 심각한 곰팡이의 경우 꽃을 블라인드 시키거나 종국엔 구근을 썩게 하기도 하므로, 떼어 내거나 소독하고 심어야 한다.

구근 외피의 상처는 개화에 영향을 주지 않는다.

구근 소독, 사용 농약,
구근 전용 영양제에 대하여

실내에 심든, 땅에 심든 상관없이, 구근의 소독을 추천한다. 원래 해충은 약을 치기보단 손으로 잡아 죽이자–주의지만, 불가피하게 약을 써야 하는 경우도 있는데 바로 추식구근이 그러하다. 구근에 발생하는 해충은 유난히 악독하기로 소문이 자자하다. 친환경 재배를 하는 주말 농가에선 마늘은 심을 수 없다고 아예 공표까지 할 정도다. 자식들이 먹을 거니까 농약은 안 쓰고 싶다며 친환경 농약 협회에 가입했던 아버지도 마늘밭엔 농약을 안 칠 수 없다며 괴로움을 토로하곤 하였다. 정원에서 소량의 구근을 식재하는 경우는 천적이 많아 농약을 치지 않아도 괜찮지만, 실내 환경은 해충들의 천적이 부재한다. 나처럼 반려벌레로 다수의 돌지네를 흙에서 키우는 경우가 아니라면, 구근과 관련된 약제를 미리 구비해 둘 필요가 있다.

소독에는 농약을 사용하는 것을 권장한다. 친환경적이라고 알려진 여러 소독법이 있긴 하지만 인과관계가 확실하지 않고, 실효성과 더불어 유해성에 대한 정보도 확실하게 나와 있지 않기 때문에, 어느 정도로 유독한지 알고 사용하는 농약보다 오히려 인체에 더 해로울 수 있다. 락스를 희석하여 소독하는 방법 역시 급할 경우엔 임시로 해 볼 수는 있으나 그 효과를 맹신하면 안 되며, 해당 기업에서는 락스의 식물 사용을 원칙적으로 금지하고 있음을 알린다.

구근 소독에 사용하는 농약은 '농약사'에서만 구입이 가능하다. 시간의 효율을 무엇보다 중시하는 우리나라에서 아직도 농약의 인터넷 판매 및 택배가 되지 않도록 막아 놓은 이유는 농약의 유해성 때문이다.

농약은 생명을 죽이는 약이다. 소량 사용하면 작은 벌레 정도만 죽지만, 사용량이 많아지면 사람도 죽게 된다. 따라서 의약품에 준하게, 농약의 판매 및 관리는 국가가 지정한 곳에서 관련 자격증이 있는 사람만 할 수 있다. 그러므로 인터넷에서 판매되는 농약과 마트, 꽃집 등에서 파는 농약은 국가에서 감독하는 정식 농약이 아니다. 이런 유사 농약은 살충 효과가 확실한지, 인체에는 얼마나 유해한지 공식적으로 자료가 나와 있지 않으니, 유효성과 유해성을 잘 살펴보고 구입해야 한다.

농약방에서 파는 정식 농약은 '농작물 사용'을 목적으로 탄생했다. 농작물은 우리의 먹거리이기에, 음식으로 섭취해도 인체에 문제가 없음을 국가기관으로부터 끊임없이 검증받는다. 또한 이 농약을 뿌린 농부에게 피부나 호흡기를 통해 흡수될 때 어떤 문제가 있는지, 비에 씻겨 강물로 흘러들어 갔을 때 그곳에 살고 있는 수생 동물들에겐 어떤 영향을 미치는지도 종합적으로 고려하여 사용 등급을 부여하고 있기에 효과와 부작용이 뚜렷하게 밝혀져 있다는 것이 장점이다.

인터넷으로 쉽게 구할 수 있는 유사 농약은 재료가 더 안전하거나 효능이 더 좋은 경우도 있지만, 유해성과 부작용을 충분히 밝히지 않아 문제가 될 수 있다. 안전한 줄 알고 밀폐된 공간에서 장갑도 끼지 않고 사용하였다가 인체에 피해를 입는 경우도 있다.

또한 적용 범위와 사용량을 분명하게 밝히지 않거나, 유효성조차 불분명한 제품들이 있다. 이런 제품들은 사용 후 효과를 보지 못해 남발하는 일이 잦기 때문에, 구입하기 편하고 가격이 저렴하다고 썼다가는 효과는 못 보고 돈만 쓰는 일이 발생할 수 있다.

나 역시 농약을 싫어하는 아버지의 딸로 자랐기에, 농약을 좋아하진 않는다. 그러나 오랜 실내 가드닝을 통해 어설프게 방제하느니, 효과가 좋은 농약을 적시에 적량 사용하는 게 오히려 유독 물질을 식물과 실내 공간에 덜 뿌리는 일임을 깨달았다.

그동안 가드닝을 포기한 많은 사람들을 보며 지속 가능한 가드닝을 하기 위해선 문제를 키우거나, 매사 너무 최선을 다하느라 나를 갈아 넣으며 무리하면 안 된다는 것을 깨달았다. 해충이 발생했을 때 나의 정신적, 육체적 에너지를 덜 쓰는 것은 장기적 관점에서 가드닝을 지속하는 동력이 되기도 한다. 식물을 좋아하다 보면 자연히 환경 문제에도 관심을 갖게 되기 때문에, 환경에 좋지 않은 결정을 가급적 피하려는 게 가드너들의 마음이라는 것은 잘 알지만, 추식구근을 키운다면 최소한의 농약 사용은 선택지 안에 두는 것이 좋다.

구근 소독에 쓰는 농약뿐만 아니라 일반 가드닝에 쓰이는 농약도 모두 농약방에서 구입 가능하다. 농약방은 시골 읍내에만 있을 것 같지만, 도심지 내 전통시장 근처에 있는 경우도 많으니 인터넷으로 가장 가까운 농약방을 검색하여 가 보도록 하자.

참고로 농약방에 갈 때는 밝은 얼굴로 가는 것을 추천한다. 우울한 얼굴로 가면 나쁜 목적으로 약을 산다고 의심할 수 있다. 꼭 밝은 얼굴로 사용처를 정확하게 밝히고 구매하길 바란다. 법률의 개정으로 일부 농약의 경우 구입 시 개인 정보를 적어야 하는 경우도 있다. 소량 구매하는 가드너의 경우에는 그런 기록을 면제하는 농약사들도 있으나 일반적인 것은 아니니, 해당 농약방의 농약사가 지시하는 대로 하길 권한다.

어려운 걸음을 하여 농약사를 방문했다면, 겸사겸사 영양제도 사오는 것이 좋다. 구근 식물은 일반 식물이 쓰는 종합 영양제를 써도 좋지만, 식재 시기에 구근 전용 영양제도 추가해 주면 구근 비대에 도움이 된다. 마늘, 양파, 감자와 고구마 전용으로 쓰는 비료를 추천받아 구매하도록 하자. 이들 비료에는 특히 칼륨의 함유량이 높다. 칼륨은 광합성으로 만들어진 탄수화물의 이동을 높여 준다.

광합성으로 생긴 당 성분은 잎에 오래 머물러 있으면 공간 부족으로 추가적인 광합성을 할 수 없게 만든다. 이때 칼륨이 쌓인 당을 바로바로 구근으로 이동시켜 공간을 계속적으로 비우며 잎의 광합성을 촉진시키고 더 많은 탄수화물을 만들 수 있게 돕는다. 식사가 끝난 테이블을 빠르게 치우며 새 손님을 받는 솜씨 좋은 매니저인 셈이다. 추식구근은 잎의 생장기가 짧기 때문에 그 어떤 식물보다 짧은 기간 안에 알차게 광합성을 해야 한다. 알뿌리 전용 비료의 도움을 받는다면 더 좋은 결과를 얻을 수 있을 것이다.

다만, 비료를 오랫동안 뿌려 준 정원이나 노지라면 알비료 전용 비료를 주기 앞서 농업기술센터에서 토양 분석을 받아 토양 내 칼륨 축적 여부를 확인해 보는 것이 좋다. 비료를 오래 준 땅은 의외로 칼륨이 축적되어 있는 경우가 많기 때문이다. 식물은 유일하게 칼륨만은 상한선 없이 무제한으로 흡수하는데, 칼륨과 칼슘, 마그네슘을 흡수하는 총량은 일정하다. 그래서 만약 칼륨의 섭취가 많아지면 상대적으로 칼슘과 마그네슘의 섭취가 줄어들게 된다. 마그네슘의 부족은 엽록소 부족으로 이어져 광합성 자체를 못하게 되기 때문에 결과적으론 구근 비대에 필요한 탄수화물 생성을 막게 된다.

구근 소독에 쓰이는 농약은 여러 가지가 있지만, 개인적으로는 디메토에이트 유제를 추천한다. 구근에 붙어 있는 각종 병해충 중에서 가장 악독하고 치명적인 것이 뿌리응애이기 때문이다. 뿌리응애에 효과가 가장 좋은 농약이 디메토에이트 유제인 것은 아니다. 그러나 그 효과가 1, 2% 이내의 차이이기 때문에 유독성과 가격을 고려하여 일반 가드닝에서 가성비 좋게 무난히 사용하기에는 디메토에이트 유제가 알맞은 것 같다. 다만 이는 뿌리응애에 한정되어 쓰는 농약이라, 주위에 대파, 마늘 농가나 양파 농가 같은 추식구근 농가가 없으면 농약방에서 구비해 놓지 않는 경우도 있다.

이럴 땐 디메토에이트의 대용으로 아바멕틴 유제를 사용하는 것을 추천한다. 디메토에이트보단 비싼 편이지만 대신 뿌리응애뿐만 아니라 잎에 생기는 다른 종류의 응애에도 범용적으로 쓸 수 있어서 활용성 측면에선 장점을 가지고 있다. 요즘에는 도심의 농약방에서도 실내 가드너를 위해 아바멕틴을 소량으로 판매하기도 하기 때문에, 어느 곳에서나 쉽게 구입할 수 있을 것이다.

시중에 판매 중인 디메토에이트 유제로는 대표적으로 사령탑과 루트원 등이 있고, 아바멕틴 유제로는 이응애충과 온사랑, 올스타 등이 있다. 제조 회사에 따라 상품명은 달라질 수 있으니, 성분이 동일하다면 농약사에서 추천하는 제품으로 사되, 비슷한 성분이라면 소용량과 저렴한 가격의 농약을 구입하자. 농약은 유통 기한이 10년으로 넉넉하지만 해충이 해당 약에 내성이 생겨 농약을 바꿔 줘야 하는 일이 생길 수도 있고, 2~3년만 지나도 수분 증발로 약이 바닥에 말라 붙어 버릴 수도 있기 때문이다.

반려동물을 키우고 있다면 농약사의 조언을 받아 친환경 농약을 사는 것도 좋다. 참고로, 친환경 농약을 살 때는 제조국을 확인해 보길 바란다. 10년 전쯤에 한창 우리나라에서 친환경 재배가 인기가 있었을 때, 고수익을 바라고 친환경 재배에 뛰어들었던 농가들이 약제 비용을 줄여 보려고 다른 나라의 친환경 농약을 썼다가 우르르 친환경 인증 검사에 떨어진 적이 있었다. 약국에서 약만 파는 게 아니라 건강 보조제나 사탕을 팔기도 하는 것처럼, 농약방에도 정식 농약 외에 다양한 약제를 판매하기 때문에, 굳이 농약방까지 가서 검증되지 않는 농약이나 일반 살충제를 사오는 헛수고를 하질 않길 바란다.

구근 식물에 생기는 벌레가 다양한데 뿌리응애 농약만 사야 되느냐고 물을 수 있다. 정답은 그렇다이다. 구근에 피해를 입히는 벌레 중에는 바구미나 굴나방 애벌레, 고자리파리, 뿌리파리 유충 등이 있다. 이들 벌레가 뿌리응애와 차이점을 보이는 것은 이들은 곤충이라는 것이다. 곤충은 알에서 태어나 애벌레와 번데기를 거치면 날개 달린 성충이 된다. 유충 시절엔 구근에 피해를 입힐 수도 있으나 성충이 되면 날아간다는 점이 뿌리응애와 다르다.

만약 성충이 구근 더미에 파묻혀 그 안에서 번식을 계속한다면 검역 과정에서 폐기가 되기 때문에, 우리가 받은 구근에 이들 곤충에 의해 피해를 입은 흔적들은 발견될 수 있으나, 이들 곤충이 발견되지는 않는다. 그러니 이들 해충이 구근에 딸려 오는 것을 걱정하고 예비할 필요성은 매우 낮다.

다만 뿌리파리 유충의 경우엔 구근 구입 당시에는 없지만 식재 후 방충망 등을 통해 외부에서 유입이 되는 경우가 많다. 유충 시절에는 흙에 있기 때문에 접촉독이 있는 약한 농약을 흙에 뿌려 주는 것만으로도 충분히 방제할 수 있으니, 저독성 농약을 구비하고 있다가 온도가 올라가는 봄에 2~3주 간격으로 2회 이상 흙에 부어 주길 바란다.

정원 가드너라면 구근 소독을 하지 않는 대신 토양 살충제를 사용하는 선택을 할 수도 있다. 토양 살충제로는 뿌리응애와 총채, 고자리파리에 두루 효과가 있는 플룩사메타마이드 유제(대표 제품: 캡틴)를, 고자리파리 전용으론 클로르플루아주론 유제(대표 제품: 아타브론)를 추천한다. 고자리파리는 완전 변태를 하는 곤충이기 때문에 뿌리응애와 달리 구근에 딸려오지 않는다. 따라서 외부에서 유입되지 않는 한 실내 환경에서 발생하지 않는데, 정원에서 키울 때는 마늘이나 양파, 대파, 부추 재배 농가가 가까운 경우 고자리파리의 피해를 입을 수 있다. 위에서 말한 두 약제는 모두 고자리파리 박멸에 도움이 되는 약이지만, 대부분의 농약이 그렇듯 해충뿐만 아니라 꿀벌과 같은 익충도 죽일 수 있기 때문에, 고자리파리의 유입이 확실한 경우에만 최소한으로 사용하는 것을 추천한다.

살충제에 이어 구근 살균제도 가지고 있어야 하느냐에 대해선 대답을 유보하고자 한다. 구근 식물에 잘 생기는 균이나 곰팡이, 바이러스도 있긴 하나, 문제가 심각한 종류는 검역 단계에서 걸러지기 때문에 우리가 살균제까지 굳이 구비하고 있어야 할 실익은 아직까

라넌큘러스 잎에 생긴 흰가루병.

진 크지 않아 보인다.

살균제를 사용하면 일시적으로 무균의 구근을 흙에 심을 수는 있
으나, 균이나 곰팡이라는 건 우리 눈에 보이지 않을 뿐 공기 중에 많
이 떠돌고 있어서 환경만 맞으면 언제든 다시 번식을 한다. 소독을
하고 심었는데도 구근에서 푸른색의 곰팡이가 생기는 것을 발견한
사람들이 많을 것이다. 곰팡이의 먹이가 되는 죽은 유기물이 있는
한 언제든 곰팡이가 다시 생길 수 있기 때문에, 개인적으로는 독한
약제를 굳이 중간에 쓰는 보람이 적다고 생각한다.

아네모네와 라넌큘러스를 키우고자 한다면 흰가루병에 좋은 농약
을 사 두는 것도 좋다. 베노밀과 다이센엠45는 흰가루병에 효과가 있
다. 이 약제들은 추식구근뿐만 아니라 다른 식물의 흰가루병에도 전

반적으로 효과가 있기 때문에, 만약을 대비해 구비해 두는 것도 나쁘지 않다.

해충, 천적을 활용해 보자

흙 속 세계에도 먹이사슬이 존재한다. 덩치가 큰 유기물을 먹어서 분해하는 애벌레와 지렁이가 있고, 그들을 잡아먹는 상위 동물인 두더쥐가 있으며, 애벌레와 지렁이가 먹고 싼 똥을 먹어 더 작은 단위로 쪼개고 분해하는 톡토기를 비롯한 작은 생물들이 있다. 유기물의 분해에 관여하는 작은 미생물을 먹는 뿌리파리 유충 같은 벌레도 있으며, 이런 벌레를 잡아먹는 집게벌레나 돌지네 같은 벌레들도 있다.

실내 가드닝의 경우 돌지네는 새로 산 식물의 흙에 딸려 올 때가 많고, 집게벌레는 장마철 하수구를 통해 들어오는 일이 많다. 덩치 큰 벌레들이 양옆으로 길쭉한 몸을 흔들며 움직이는 모습은 흡사 뱀을 연상시켜 공포감과 혐오감을 불러일으킨다. 특히나 돌지네는 '지네'라는 이름 때문에 물리면 죽지 않을까, 겁을 먹게 만든다. 하지만 돌지네는 입이 작아서 설사 사람을 깨물더라도 표피층을 뚫기 어려우며, 유의미한 상처를 입히지 못한다. 만약 돌지네가 왕지네처럼 사람을 공격할 수 있었다면, 이 땅에 농부는 한 명도 남지 않았을 것이다.

아무래도 이들 벌레가 집안으로 들어오는 경우도 더러 있기 때문에, 효과는 좋지만 가드닝용으로 따로 육성되어 판매되지는 않고 있다. 그러니 앞으로 우연히 이들 벌레가 유입된다면 약을 치거나 눌러 죽이지 말고 화분에 두고 키워 보길 바란다. 구근 식물을 괴롭히는 해충은 물론, 다른 식물에도 해가 되는 뿌리파리 유충 제거에 도움이 많이 될 것이다.

참고로 이들 벌레도 농약의 영향을 받는다. 그러니 천적을 활용할 경우 농약은 물론이고 모기 살충제도 사용하지 않도록 주의해야 한다.

구근 소독 방법

디메토에이트를 1000배 희석하여 30분 이상 구근을 담가 놓는다. 남은 용액을 다른 식물에게 뿌려 주면 해당 토양에 살충 효과를 볼 수 있다. 다만 농도가 진할 경우 삼투 현상에 의해 식물이 죽을 수 있으니, 최소 3~5배 이상 물을 타서 희석하도록 하자.

농약은 3주 정도 지나면 저절로 분해되니, 사용할 곳이 없다면 3주간 갖고 있다가 버린다. 그래야 수생 동물에 대한 피해를 막을 수 있다.

소독 후 식재하더라도 추후에 다시 뿌리응애의 피해가 나타나기도 한다. 추식구근은 내부 구조가 여러 겹으로 되어 있기 때문에, 겹 사이 사이에 미처 약이 닿지 않을 수 있기 때문이다.

이런 경우 싹이나 꽃의 이상 등을 통해 뿌리응애를 확인하게 되는데, 이때에도 농약을 물에 타서 흙 전체에 뿌려 주면 외부로 노출된 뿌리응애를 박멸하는 데 도움이 된다.

구근
심기

구근이 준비되었다면 이제 심어 보도록 하자. 추식구근이 매력적인 이유는 당신이 어떤 준비를 하고 있더라도 그에 맞춰 꽃을 피울 수 있다는 점이 아닐까 싶다.

현실적으로 한국에서는 알맞은 식재 시기에 맞춰 우리의 재량껏 추식구근을 심는 것이 불가능하다. 주 수입처인 네덜란드는 어느 바다로 오더라도 한국에선 너무나도 멀기 때문이다. 현재로선 대부분의 구근이 권장 식재 시기보다는 늦게 수입되기 때문에 구근이 수입되는 대로 흙과 화분을 준비하여 식재해야 한다.

그래도 추식구근을 키우는 사람 중에 많은 사람들이 구근을 2년 이상 키우므로, 수확한 구근을 가지고 가을을 맞이했을 경우를 산정해서 권장 식재 기간을 말하고자 한다. 우리나라 는 위도와 고도에 따라 기후가 천양지차로 바뀐다. 지역마다, 또 집 의 채광과 단열 정도에 따라 적절한 타이밍은 달라질 수 있으니 9월 이후, 10월 이후라는 말은 참고만 하고 개인의 환경과 조건에 맞게 조정해서 적용하길 바란다.

제일 먼저 식재하는 구근은 무스카리와 프리지아, 크로커스샤프란, 히아신스이다. 이들 구근을 서늘하면서 살짝 습한 환경에서 보관한 다면 8월 말부터 뿌리가 돋는 것을 발견할 수 있다. 특히 일부 무스 카리는 7월~8월에 장마가 오면 그때 뿌리를 내고 싹을 내기도 한다. 무스카리는 9도 즈음에서 뿌리를 잘 뻗고, 5도에선 겨울 모드로 들 어가 꽃눈을 성숙시키고, 13도 이상이 되면 개화를 위한 준비를 한 다. 히아신스도 비슷하다. 내내 덥다가 약간 시원해져서 '가을이 오 려나? 살기 좋은데?'라는 생각이 들면 바로 뿌리를 뻗고 본다.

그래서 이들 구근은 특히 여름 장마에 주의 해야 한다. 여름 장마 기간엔 온도가 내려가 고 햇빛이 줄어들지만, 이는 일시적인 착 각일 뿐, 구름이 걷히면 여름보다 뜨거운

9월 초에 자연 발아한 크로커스 구근(위)과 히아신스(아래)

햇빛이 다시 쏟아진다. 3~4일의 짧은 장마는 식물을 헷갈리게 하지 않지만, 지구 온난화로 한 달 이상 지속되는 장마 등이 나타나면 식물의 생체 리듬을 교란시킨다. 구근을 건조하게 보관하는 경우엔 그래도 괜찮지만, 흙에 심어 보관하거나 습하게 보관하는 경우엔 특히 여름 장마에 속아 뿌리 내기 쉬우니, 애초에 구근을 건조하게 보관해서 여름 장마 기간에도 뿌리가 나지 않도록 하자. 만약 뿌리가 나서 식재를 해 버렸다면 장마 기간 이후 고온으로 흙이 데워지지 않도록 주의해야 한다. 노지에 심어진 구근은 걱정하지 않아도 좋다. 다양한 동물 친구들이 흙 속에 공기층을 만들어 줘서 물이 금방 증발하고 흙의 온도가 내려갈 것이기 때문이다.

여름 장마라는 변수를 제외하고 보면, 무스카리와 히아신스는 9월에 심는 것이 좋다. 보다 고위도에 있고 고도가 높은 지역, 즉, 한국에서 좀 추운 지역에 산다 싶으면 9월 초에 심어도 안전하고, 상대적으로 따뜻한 지역이라면 9월 말이 안전하다. 노지 식재의 경우엔 통기성이 확보되기 때문에 지온이 상승하더라도 구근이 썩을 가능성이 낮지만, 화분에 식재한 경우 고온에 흙이 덮혀지면 여러 문제가 생겨나 구근이 같이 녹을 가능성이 있다. 그러니 식재 후에는 가급적 햇빛이 안 드는 서늘하고 환기가 잘 드는 그늘에 두는 것이 좋다. 뿌리가 잘 났다면 그 이후에 햇빛을 보여 줘도 좋지만, 온도가 30도 이상 올라간다면 빛이라도 차단해 주는 것이 좋다. 높은 온도와 물, 그리고 흙이라는 유기물의 조건이 완성되면 미생물은 파티를 벌인다. 미생물의 작용으로 만들어지는 다양한 물질들똥과방귀이 과해지면 식물들을 부담스럽게 만든다. 또한 이런 작용 과정 중에도 열이 발생하기 때문에 고온으로 인해 식물이 피해를 입기도 한다. 열에 민감한 식물을 키울 때는 미생물로 인한 피해를 막기 위해 열, 물, 먹이(유기물)이라는 3대 요소를 잘 통제하고 관리해야 한다.

다만 무스카리의 경우, 일찍 심으면 겨울철 한파를 대비하여 잎을 길고 얇게 내기 때문에(땅에 잎을 바짝 붙여 바람에 면한 표면적을 줄이기 위함. 알리움도 동일하다) 그 모습이 치렁치렁 꼴보기 싫을 수도 있다. 가드너 중에는 이 모습이 보기 싫어 잎을 가위로 싹둑 자르는 사람도 있고, 거추장스럽다며 잎으로 갈래 머리를 땋는 사람도 있다. 만약 짧고 넓적한 예쁜 잎의 무스카리를 보고 싶다면 빛 에너지가 적어지는 11월 이후에 심도록 하자. 구근 비대와 번식이 목적이라면 당연히 일찍 심어 광합성을 오래 시키는 쪽이 좋다. 다만 품종에 따라 잎이 나는 시기와 모습, 구근 비대율은 달라질 수 있으니 참고하자.

크로커스도 시작은 히아신스나 무스카리와 비슷하게 움직인다. 9월 내에 식재하면 일부 품종(샤프란, 요나터스 등)은 가을에 바로 개화하고 나머지 품종은 이른 봄에 개화한다. 다른 추식구근과 비교하면 상대적으로 높은 온도에 뿌리를 내리고, 상대적으로 낮은 온도에 잎과 꽃을 낸다. 게다가 크로커스는 휴면도 빨리 들어간다. 크로커스는 휴면에 들어가는 온도가 낮은 편이기 때문에 다른 식물들이 개화를 준비하고 있을 때 이미 잎이 노랗게 시들기도 한다. 이런 특성 때문에 봄철 온도 상승이 가파른 한국에서는 두 해 이상 키우기가 쉽지 않고, 종구를 생산하는 네덜란드에서도 최근의 이상 기후 때문에 크로커스 생산량이 감소하고 있다고 한다. 노지의 경우엔 지온이 낮은 편이고 상대적으로 빛은 좋은 편이기 때문에 크로커스를 해마다 키우는 것이 가능하지만, 실내에서는 2년 이상 꽃을 보는 것이 쉽지 않다. 심지어 수확하는 구근이 점점 작아지는 것이 육안으로도 확인되기도 하다. 그래서 실내에서 크로커스를 키운다면 1년 키우고 수확한 구근을 노지에 심는 것을 추천한다.

참고로 크로커스는 뿌리 자체는 일찍 나지만 습기에 약하고 구근이 녹기도 쉽기 때문에, 가을에 꽃을 피우는 품종을 제외하면 상대적으로 지온이 높은 9월보다는 10월 이후에 식재하는 것을 권장하고 있다. 구근 관리를 잘할 수 있다면 9월에 심고, 만약 구근 관리에 자신이 없다면 10월 이후에 심는 것도 좋다. 구근을 일찍 심었다면 미생물 발생의 3대 요소를 잘 관리하고 통제해야 할 것이다. 지온이 너무 올라가지 않도록 하고, 통기성이 좋은 환경을 구축해 주며, 물을 오랜 기간 말리지는 않되, 가급적 건조하게 키워야 한다. 애초에 유기물이 적게 포함된 무기물 베이스의 흙에 심는다면 이런 수고를 따로 하지 않아도 된다. 크로커스를 키우는 땅은 유기물이 거의 없는, 마치 사막과도 같은 고운 무기질의 땅이기 때문이다.

위도가 높고 고도가 높다면 온도도 더 낮기 때문에 식재 시기를 더 앞당길 수도 있다. 노지 기준으로 가을에 피는 크로커스는 8월 식재를, 봄에 피는 구근은 9월 초에 식재한다. 실내는 키우는 공간의 평균 온도와 통풍 정도에 따라 식재 시기가 달라지니, 날을 맞춰 놓고 심기보단 일기 예보와 공간의 평균 온도를 보며 식재하도록 하자.

마지막으로 다룰 프리지아의 경우엔 구근이 크로커스와 많이 닮았지만 구근 관리는 상대적으로 수월하다. 구근의 속성은 비슷하지만 식재 이후 바로 싹이 나는 점이 아마 가장 큰 차이점일 것이다. 흙에 물이 있더라도 잎이 광합성이나 증산 작용을 통해 흙 속 물을 계속 갖다 쓰며 소모시키기 때문에, 상대적으로 흙 속 공기층이 꾸준히 유지되는 편이다. 통기성만 확보된다면 미생물들의 작용은 식물에게 이점이 많다. 식물이 필요로 하는 다채로운 영양분을 미생물이

프리지아 구근을 식재한 모습.

만들어 주기 때문이다. 비료를 주면 바로 흡수 가능한 무기 영양분이 식물에게 제공되기는 하나, 식물이 원하는 영양소는 비료가 갖고 있는 것 그 이상이다. 그러니 한정적인 성분을 갖고 있는 비료에 전적으로 의존하기보단, 미생물의 공존을 통해 흙이 품고 있는 온갖 다양한 영양분을 섭취하도록 도와준다면, 훨씬 튼튼하고 다채롭고 향기로운 식물을 키울 수 있을 것이다. 그런 점에서 바로 싹이 나는 프리지아는 미생물의 적극적인 협조를 받을 수 있다는 점에서, 키우기는 수월하면서도 좋은 결과를 얻을 수 있는 몇 안 되는 추식구근이다.

다만 프리지아의 유일한 단점은 추위에 약하다는 것이다. 한국의 노지 환경에선 땅에 식재한 구근이 냉해 피해를 입지는 않지만(남부지방 기준), 가을에 난 싹은 겨울에 얼어 죽어 버린다. 구근이 죽은 것은 아니기 때문에 봄에 다시 싹을 틔우긴 하지만, 봄철에 광합성한 정도로는 풍성한 꽃을 피우기 어렵다. 그래서 빈약한 꽃을 보고 실망할 수 있다. 우리가 절화 시장에서 구입하는 그런 풍성하고 아름다운 꽃을 보고 싶다면 영하 이하로 떨어지지 않는 환경에서 키우며 광합성을 충분히 시켜 주는 것이 좋다.

이른 가을에 심으면 뿌리가 난 후 바로 싹이 나지만 10도 이하로 내려가면 싹이 나는 속도가 느려지고, 영상 5도 이하로 떨어지면 싹이 더 이상 나지 않은 채 생장이 멈춘다. 비슷한 온도 조건에서 키우는 라넌큘러스나 아네모네의 경우엔 영상 5도 이하로 내려가면 잎이 냉해로 죽어 버리지만 프리지아는 영상 5도 이하로 떨어져도 잎이 냉해로 죽거나 하진 않는다. 상대적으로 구근에 많은 탄수화물을 저장하고 있어서, 온도가 내려갈 때 더 많은 탄수화물을 당으로 전환시키기 때문이다. 체액에 녹아 들어간 당은 체액의 농도를 상승시키고 빙점을 낮춰 추위에 식물체 내의 물이 얼지 않도록, 그로 인해 세포벽이 파괴되지 않도록 만든다. 그러나 영하 이하로 떨어지게 되면 제아무리 프리지아라도 잎이 냉해로 죽게 되니 기온이 떨어질 땐 따뜻한 실내로 옮기는 수고를 해 주어야 한다.

프리지아는 구근의 크기와 상관없이 잎의 광합성량이 충분해야 꽃을 피우는 특징이 있다. 그러니 일찍 심어 빨리 싹을 틔운 후 최대한 햇빛을 많이 보여 주도록 해야 한다. 늦게 식재하면 뿌리는 나도 싹이 늦게 나거나 빈약해져서 봄이 되도록 꽃을 피우지 않을 수 있다. 그러니 프리지아를 키우고 싶다면 최대한 빨리 구근을 확보하여 심어야 한다. 초반부터 따뜻하고 빛이 좋은 곳에 두어 높은 온도에서 뿌리와 싹을 빨리 틔우고, 최대한 광합성을 많이 할 수 있도록 하자.

참고로 똑같은 시간을 빛을 쬐더라도 가을의 햇빛 에너지와 겨울의 햇빛 에너지는 다르다. 지구에 태양 빛이 닿는 입사각이 달라지며 동일 면적에 도달하는 빛 에너지의 양이 달라지기 때문이다. 입사각이 높을수록 동일 면적에 제공되는 에너지가 많아지니, 여름에 가까울수록 에너지가 많고 겨울동지에 가까울수록 에너지가 적다는 점을 염두에 두고 빛 관리를 해 주기 바란다.

그 외 심자마자 바로 싹이 나는 구근으로는 알리움, 라넌큘러스, 아네모네가 있다. 심자마자 싹이 난다는 것은 개화에 요구되는 빛의 양이 많다는 뜻이다. 그러므로 이런 구근들도 가급적 일찍 심어야 양질의 빛 에너지를 얻을 수 있다. 그러나 알리움과 라넌큘러스, 아네모네는 구근의 특성으로 인해 조기에 식재하기에 어려움이 있다. 구근이 무르거나 쉽게 썩기 때문이다. 그래서 이들 식물은 중부 지방은 10월 초부터, 남부 지방은 10월 중순부터 식재하는 것이 좋다.

식재한 이후에도 고온에 주의하며 뿌리가 녹지 않도록 신경을 써야 한다. 라넌큘러스와 아네모네는 한 번에 아주 심기보단 모종을 따로 키워 옮겨 심는 이식 재배를 하는 것도 좋다. 처음부터 흙에 아주 심기를 할 경우, 보통 싹이 난 후에 많은 양분을 필요로 할 경우를 산정하고 풍부한 양분의 유기질 흙에 이들 구근을 심어 버리는데, 유기질 양분이 물과 만나 다량의 미생물이 발생하여 구근이 녹고 썩는 일이 종종 발생한다. 식물이 뿌리를 내는 극 초반엔 흙에 양분이 없어도 되기 때문에 이 기간에 차라리 거름기가 없는 무비 상토에 심어 1차적으로 뿌리와 싹을 낸 후, 2개 이상의 싹이 나면 그때 영양분이 충분한 흙에 아주 심는 것이 더 안전하다고 볼 수 있다.

그러면 처음부터 큰 화분에 무비 상토를 채워 아네모네와 라넌큘러스를 심고, 싹이 난 후에 비료를 주면 되지 않느냐 반문할 수 있다. 물론 이것도 구근 무름에 상대적으로 안전한 방법이지만, 화분 자체가 크면 흙의 통기성이 상대적으로 떨어지기 때문에, 작은 포트에 구근을 심어 이식하는 게 훨씬 더 안전하다고 볼 수 있겠다. 유기질이 거의 없는 흙이라면 처음부터 아주 심어도 구근이 무르거나 썩는 위험이 적다. 하지만 이런 무기질 중심의 흙은 흙 자체가 무거워 뿌리를 뻗는 게 쉽지 않아 뿌리 뻗는 데 더 많은 시간이 소요되므로, 저물어 가는 가을에 알짜배기 광합성을 위해 초싸움을 해야 하는 아네모네와 라넌큘러스에겐 단점이 더 크다. 겨울이 되어도 하루 종일 빛을 받는 하우스 같은 특수한 시설이 아니라면, 광합성에 제한이 있는 실내에서는 이식 재배가 이상적인 재배법으로 생각된다.

튤립과 수선화는 아무 때나 심어도 꽃을 보기 쉬운 구근이다. 그래도 우리가 시기를 맞춰 심을 수 있다면 튤립은 중부 지방은 10월 중순, 남부 지방은 11월 식재도 좋다. 물론 노지라면 열흘 정도 더 앞당겨도 좋다. 실내에 비해 평균 온도가 낮기 때문이다. 구근을 12월 이후에 구매했다면 한파를 피해 심는 것이 좋고, 땅이 얼어 파기가 어렵다면 땅이 녹은 2월 이후에 심도록 한다. 그래도 적어도 3월 이전엔 심어야 예쁜 꽃을 볼 수 있을 것이다. 농가에선 저온 처리된 구근을 3월 초에 심어 꽃을 피우기도 하지만 일반 가드너에겐 그렇게 하는 것을 추천하지 않는다. 꽃을 보는 것만이 목적이라면 그렇게 해도 되지만, 구근도 잘 키워 후년까지 기약하려면 일찍 심어 뿌리를 최대한 깊게, 멀리 뻗게 하는 것이 좋기 때문이다.

수선화는 구근 번식을 위한 것이 아니라면, 한 번 식재한 후 웬만

하면 캐지 않는 편이 좋다. 그래도 특수한 사정에 의해 구근을 수확해서 가지고 있거나, 이제 막 구근을 구입한 경우라면 중부 지방은 10월 초, 남부 지방은 9월 중순 이후에 심는 것이 좋다. 튤립, 아네모네, 라넌큘러스, 프리지아, 스파락시스, 익시아, 크로커스처럼 뿌리를 내는 데 구조적 어려움이 없는 구근은 식재 후 온도 조건만 맞으면 바로 뿌리를 뻗지만, 수선화나 히아신스처럼 구근 하부에 묵은 조직이 붙어 있는 구근은 이 부분이 제거되어야 새 뿌리가 쉽고 시원하게 나온다.

이 유기물 조직은 물과 온도라는 조건이 갖춰질 때 미생물의 분해에 의해 없어지기 때문에 미생물의 활동성이 높아지는 따뜻한 시

수선화 밑동의 죽은 조직이 붙어 있는 모습(위)과 밑동을 깨끗하게 정리해 준 모습(아래) / 죽은 유기물 조직이 제거되면 뿌리 발아가 순조롭다.

기에 심는 것이 이점이 있다. 다만 수선화는 히아신스보단 발동이 늦게 걸려 뿌리가 늦게 나오기 때문에, 너무 따뜻할 때 심으면 자칫 구근이 썩어 버릴 수도 있다. 토양 내 유기질 함유가 적다면 일찍 심어도 좋지만, 부엽토나 거름을 땅속 깊이 섞어 놓은 경우에는 온도가 내려간 후 심는 것이 좋고, 실내 환경이라면 구근을 그늘진 곳에 옮겨 두는 것이 좋다. 실내에서 늦게 심을 경우, 수선화 밑동의 묵은 조직을 인위적으로 제거한 후 심으면 뿌리가 빨리 나는 데 도움이 되기도 한다. 단, 이 과정에서 구근에 흉터를 내면 상처 부위로 균과 바이러스가 침입할 수 있으니 주의해야 한다.

지금까지 설명한 내용은 가장 일반적인 품종을 기준으로 말한 것이다. 수선화라는 식물군 안에서도 최저 생육 온도는 각각 달라지니, 해당 품종을 구입할 때 판매 페이지에서 식재 가능 온도를 반드시 확인하고 심길 바란다.

월동 구근과 비월동 구근

추식구근을 분류하는 방법 중 우리나라에서 월동이 가능한가를 기준으로 나누는 방법이 있다. 이는 가장 많은 인구가 살고 있는 중부 지방을 기준으로 하므로, 일부 구근은 비월동 구근으로 분류되지만 남부의 따뜻한 지역에서는 월동이 되는 경우도 있다.

튤립과 히아신스의 경우엔 최저 생육 온도가 -20도에서 -30도 사이

지중해 원산의 아네모네는 영하에선 살지 못한다. / 아네모네 갈릴리 화이트(Galilee white).

기 때문에 전국에서 노지 월동이 가능하지만, 수선화의 경우 제주도 특산종인 금잔옥대를 비롯하여 중앙 아시아에 뿌리를 둔 지바 수선화 등이 중부 지방에서 월동이 되지 않는다.

수선화와 마찬가지로 월동 구근과 비월동 구근이 함께 있는 식물군으로 아네모네가 있다. 아네모네는 우리나라에서는 바람꽃이라고 부른다. 우리나라에 자생하는 바람꽃 중에는 중부 지방의 저지대에서 월동이 되는 품종도 있고, 설악산 정상의 춥고 바람이 거센 환경에서 생존하는 강인한 품종도 있다. 그래서 지중해 기후대를 고향으로 둔 일반적인 원예용 품종은 우리나라 남부 지방에서도 월동이 되지 않지만, 고위도 지역이나 고산지대에 기원을 둔 품종이나 개량종은 중부 지방의 노지에서도 월동이 되기도 하니, 구입시 최저 생육 온도를 확인해야 한다.

식재 환경별 추천 구근

추식구근이라는 카테고리 안에 묶여 있지만 구근마다 최적의 조건은 각기 다르다. 빛 요구량이 많거나 혹은 절대적인 구근 식물은 빛이 풍부한 환경에서 키우는 것이 좋다. 알리움, 라넌큘러스, 아네모네, 익시아, 스파락시스, 프리지아가 그렇다. 이들 구근은 싹이 나오더라도 광합성량이 충분하지 않으면 개화를 하지 않는다. 한 해 키웠는데 구근이 꽃을 피우지 않는다면 이들 식물은 키우는 것을 포기하는 것이 좋다. 물론 식물등을 켜서 빛 부족을 보완할 수는 있지만, 노력에 비해 꽃이 많이 피지 않아 실망할 수 있다. 특히 라넌큘러스는 온도가 낮고 습하면 잎에 흰가루병이 생기기 쉬운데, 자연광이 충분하지 않은 환경은 필연적으로 열에너지도 적기 때문에 라넌큘러스가 저온으로 인해 흰가루병에 시달릴 가능성이 높다. 같은 조건에서 키웠을 때 아네모네는 라넌큘러스에 비해 상대적으로 흰가루병 발병이 잘 안 되지만, 한 번 흰가루병이 생기면 아네모네에 옮겨지기도 하므로, 이들 식물을 함께 키우고자 한다면 더더욱 빛이 좋고 따뜻한 환경을 만들어야 할 것이다.

개화에 많은 빛 에너지를 요구하진 않지만 빛이 풍부한 환경에서 키우는 게 나은 구근도 있다. 바로 쉴라와 푸쉬키니아다. 이들 식물은 꽃의 덩치와 무게에 비해 꽃대가 너무 가늘고 약해서, 빛이 부족한 환경에서 키우면 그 이쁜 꽃이 누워서 자라는 걸 보게 된다. 특히나 쉴라는 수정이 잘되기 때문에 크고 통통한 씨방이 여물고 나면 빛이 좋은 환경에서도 땅바닥에 누워 버린다. 그러니 꼭 빛이 좋은 환경에서 키우는 것을 추천한다.

무스카리와 아이페이온, 갈란투스, 레코줌, 카마시아, 히아신소이데스, 블루벨, 치오노독사는 빛이 부족한 환경에서 키워도 꽃을 잘 피우는 식물이지만 빛이 좋은 환경에선 구근 비대와 번식이 더 잘되기 때문에 빛을 잘 보여 줄 수 있다면 많이 보여 주는 것이 좋다.

튤립과 히아신스, 수선화는 빛이 좋은 환경에서도 꽃을 피우지만, 반양지나 반그늘에서 더 예쁘게 피는 추식구근이다. 빛이 강할수록 꽃대의 길이가 짧아지기 때문에 특히 수선화의 경우엔 직광에서 키 작은 얼큰 난쟁이로 꽃이 피기 쉽다. 빛이 부족할수록 색은 가벼워지지만 그래서 더 예뻐지는 경우도 많다. 그래서 빛이 부족한 동향이나 혹은 북향이 남향이나 서향보다 더 예쁘게 꽃이 피는 게 이들 식물이다.

만약 빛이 너무 좋고 또 공간의 온도가 너무 높다면 이들 식물, 특히 튤립은 큰 기대 없이 심거나 혹은 심지 않는 것을 고려해 보도록 하자.

수경
재배

만약 당신이 기숙사처럼 흙이라곤 1g도 쓸 수 없는 환경에 살고 있다면 당신은 오로지 물만 사용하여 구근을 키울 수 있다. 우리는 이것을 수경 재배라고 부른다.

　수경 재배를 위한 준비는 간단하다. 구근과 구근을 담을 용기, 그리고 물만 있으면 된다. 구근의 껍질을 말끔히 벗기고, 소독까지 마쳤다면 구근을 물이 담긴 용기에 넣으면 되는데, 이때 딱 하나 조심할 것이 있다. 바로 물 높이다.

구근은 엄밀히 말하면 줄기의 일부이지 뿌리가 아니다. 구근 맨 밑에는 뿌리를 내리기 위해 준비하고 있는 부분이 있는데, 이 책에서는 그 부분을 '기저부'라고 부를 생각이다.

이 부분은 일종의 심지라고 볼 수 있는데, 마늘이나 양파를 요리하기 위해 손질할 때 잘라내 버리는 바로 그 부분을 말한다. 기저부는 추식구근의 핵심이자 구심점이 되는 부분으로, 이 부분을 통해 뿌리로 흡수한 영양분이 구근이나 잎과 꽃으로, 혹은 잎의 양분이 구근으로 옮겨진다. 교통의 중심지이기 때문에 만약 이 부분이 완전히 제거된다면 뿌리와 구근, 잎과 줄기는 각각 분리되어 서로 양분을 주고받을 수 없게 된다.

이 기저부는 추식구근마다 다른 형태와 두께를 가지고 있는데, 공통점은 늦여름에는 굉장히 얇았다가 가을이 깊어지고 겨울이 다가올수록 두꺼워지며 구근 밖으로 돌출되기 시작한다는 것이다.

가을 동안 기저부의 목표는 뿌리를 내는 것이니, 돌출되는 기저

구근 밑동만 물에 닿아야 구근이 썩지 않는다.

부 부분만 물에 닿도록 해야 한다. 만약 그 위의 구근 부분에 물이 닿을 경우, 구근의 부패가 진행될 수 있다.

물 높이를 맞추어 주었다면 이제 나머지는 선택 사항이다. 안전하고 튼튼한 플라스틱 용기에 담을 수도 있고, 투명하고 예쁜 유리 용기에 구근을 담을 수도 있다.

재질은 크게 중요하지 않지만 다만 이것 두 가지는 염두에 두자. 첫째, 뿌리가 직광을 받지 않도록 하는 것, 둘째는 최종적인 구근의 사이즈에 맞게 용기의 사이즈와 깊이를 결정하는 것이다. 식물의 뿌리는 기본적으로 어둠을 향해 뻗으려고 하는 경향이 있다. 용기가 투명하면 투명할수록 밖의 빛이 뿌리에 전달되므로, 뿌리가 잘 발달하지 못한다.

뿌리가 일단 돋고 나면 그 길이가 어찌됐던 간에 수분 공급에 문제가 없을 것이라고 생각할 수도 있지만, 모든 식물은 개화시에 일시적으로 많은 양의 물을 필요로 하기 때문에 이 시기에 물을 양껏 마시지 못하면 꽃이 마르게 된다. 이런 문제로 뿌리가 몇 가닥, 아주 짧게 난 추식구근들은 어찌어찌 잎까지는 내도 꽃을 마저 피우지 못하고 마르는 경우가 허다하다. 그러니 기저부에서 뿌리가 듬뿍,

밝은 곳에 둘 때는 반드시 뿌리가 나올 부분을 어둡게 해 주어야 한다. / 자갈을 채워 어둡게 해 준 히아신스.

길게 길게 나오도록 뿌리가 있는 부분을 어둡게 해 주도록 하자.

뿌리를 최대한 많이, 길게 내야 하니 용기를 선택할 땐 구근 위로 싹과 꽃이 필 길이도 고려하지만, 뿌리가 나서 뻗을 공간도 고려해야 한다. 대부분 추식구근의 꽃은 크고 무겁다는 점을 명심하자. 뿌리 부분이 단단히 고정되지 않으면 기울어질 수도 있다는 점을 고려하여 공간을 만들어 줘야 한다.

요즘은 수경 재배 용기에 자갈을 넣기도 한다. 썩지 않는 무기질의 소재는 용기 속에 넣어 뿌리를 지지해 주는 용도로 사용해도 좋은데, 이때 마사토나 경석과 같은 암석을 이용할 경우, 이 암석 속에 포함된 광물들이 물에 녹아 나와 뿌리로 흡수되기도 한다.

식물이 수소이온을 뿌리로 방출하여 물을 산성화시키고 이온 결합으로 돌에 묶여 있는 광물을 녹여 이온화시키는 과정은 시간이 오래 걸리는 작업이기 때문에, 비료를 주는 것만큼 즉각적으로 많은 양분이 식물에게 공급되진 않는다. 그래도 아무것도 안 넣은 것보다는 식물에게 조금이라도 양분을 제공할 수 있으니, 할 수 있다면 돌을 조금 넣어 주는 게 좋다.

다만 이렇게 돌을 넣게 되면 그 사이로 구근 식물의 뿌리들이 자리를 잡게 되면서 물을 갈아 줄 때 뿌리가 끊어지는 일이 생기게 된다. 그래서 돌을 넣어 수경 재배를 할 때는 처음부터 용기의 물을 교체하지 않을 것을 염두에 두고 물 관리를 해야 한다.

먼저 기저부만 닿도록 소량의 물을 넣고, 물이 마를 때마다 소량

테이크 아웃 컵을 재활용한 튤립 수경 재배. / 튤립 다이너스티(Dynasty).

의 물을 추가해 보자. 이때 무엇보다 중요한 것은 물의 부패를 막는 것이다. 구근이 썩지 않도록 높은 온도(평균 18도 이상)에서 수경 재배하는 것은 피하고, 뿌리가 썩을 수 있으므로 직광이 비치는 자리에 두지 않는다.

구근 외피가 썩거나 곰팡이가 피면 처치하기 어려우니 상처가 없는 깔끔한 구근으로 수경 재배를 하고, 상태가 안 좋은 구근은 가급적 흙에 심도록 한다.

사용하는 물은 정수기, 생수 물보다는 수돗물이 좋다. 미네랄은 다시 말하면 무기질 영양분이다. 식물 역시 다양한 무기질 영양분을 필요로 하기 때문에, 필터로 걸러진 순수한 물보다는 미네랄이 포함된 수돗물이 양분의 측면에서 보면 더 좋다. 다만 수돗물은 바로 사용 시 염소 성분이 식물에 해로울 수 있으니, 하루 정도 염소 가스를 날리고 사용하는 것을 추천한다.

사용하는 물의 온도는 찬물은 크게 문제없으나, 20도 이상의 물은 추식구근의 노화를 부추길 수 있다. 추식구근은 개화에 있어 빛의 길이의 영향을 받지 않은 중일中日 식물이기 때문에 개화 및 생장에 있어 온도의 절대적인 영향을 받는다. 공기의 온도뿐만 아니라 구근이 몸을 담고 있는 용기와 물의 온도에 따라서도 잎 생장이나 개화 등이 자극받을 수 있으니, 따뜻한 물은 절대 주지 않도록 유의한다. (다만 나중에 개화 기간에 임박하여 개화 시기를 앞당겨야 하는 특별한 목적이 있다면, 일부러 따뜻한 물로 갈아 주어 개화를 촉진시킬 수도 있다.)

식재 이후 겨울 휴면기 동안에는 영양제의 요구가 없다. 구근에 비축해 둔 영양분을 쓰기 때문이다. 그러나 잎이 자라기 시작한 이

투명한 용기에 심었다면 직광을 피하자. 직광의 오랜 노출은 녹조 발생 및 물의 부패를 초래한다.

후로는 영양제를 묽게 물에 타서 주는 것도 좋다. 다른 영양소와 달리 질소는 요구량도 많고 비료의 형태가 아니라면 식물이 흡수할 수 있는 경로가 많지 않기 때문이다.

다만 고농도의 과한 영양제는 꽃을 없애거나 마르게 한다. 권장량보다 훨씬 묽게 타서 주는 것을 추천한다. 물이 썩는 것이 걱정된다면 영양제를 물에 타서 분무기로 잎에 뿌려 주는 엽면시비를 하는 것도 좋다.

Q 구근의 기저부의 일부가 썩었는데, 어떻게 해야 하나요?

뿌리 부분의 일부가 썩거나 곰팡이가 피어도 식물이 자라는 데는 문제가 없다. 이런 경우 소독한 칼로 썩은 부분을 도려내도록 하자. 특히나 수경 재배의 경우 썩은 부분이 물을 만나 부패하며 물을 썩게 만들 수 있으니, 반드시 말끔히 도려낸 후 수경 재배를 해야 한다.

상한 부분을 도려냈더니 기저부가 하나도 남지 않았다면 정상적으로 뿌리를 내릴 수 없으니 개화는 포기해야 한다. 단 이 경우에도 구근 외피의 영양분은 남아 있기 때문에, 모래 위에 올려두는 등 너무 습하지 않게 말리면 자구를 만들어 내어 다음해를 기약할 수 있다.

상한 부분을 도려냈을 때 좁거나 얇게나마 기저부가 남아 있다면 그 부분에서 뿌리가 돋아날 것이다. 이 경우 뿌리의 길이가 너무 짧지만 않

곰팡이로 윗부분이 상한 경우는 대부분 무사히 개화한다.
윗부분이 멀쩡해도 기저부가 전부 썩으면 구근은 더 이상 자라지 못한다.

다면 수분 공급에 문제가 없기 때문에 무사히 개화하는 경우가 많다. 다만, 뿌리가 적어서 물 흡수를 한 번에 많이 하지는 못하니, 증산 작용이 활발해지는 조건은 피해서 키우도록 하자.

증산 작용이 활발해지는 조건

잎 뒷면에 있는 기공이 열리며 식물체 안에 있던 물이 수증기의 형태로 배출되는 현상을 증산 작용이라고 한다. 이 증산 작용을 활발하게 하는 조건은 1. 빛을 잘 볼수록, 2. 바람이 불어 통풍이 잘될수록, 3. 습도가 낮을수록, 4. 온도가 높을수록이 있다

광합성을 활발하게 할수록 증산 작용도 활발해지니, 개화에 임박했을 때에는 광합성에 대한 욕심은 잠시 내려두고 그늘진 곳으로 옮겨 개화 과정이 무사히 끝날 수 있도록 돕는 것은 어떨까.

Part 2
흙에 심기, 화단과 정원

노지에 추식구근을 심는 것을 설명하기 앞서, 여기에서 말하는 '노지'에 대해 정의해 보고자 한다. 흔히 실외 공간에 존재하는 땅을 노지露地라고 한다. 그런데 노지마다 성격은 다 다르다.

일반 정원처럼 흙의 끝이 지구 중심부까지 이어지는 땅이 있는가 하면, 얼마 못 가 단단한 시멘트에 막히는 땅도 있다. 후자처럼 시멘트 등으로 공간을 만들어 놓고 그 위에 흙을 채운 화단은 열 전달에 있어 일반 땅과 차이를 보이므로, 여기에서 말하는 노지에서는 제외하도록 하겠다. 좀 더 세부 설명을 하자면, 이렇게 시멘트로 공간을 만든 땅은 겨울에 일종의 커다란 화분처럼 작용해서 시멘트 벽면과 바닥면을 통해 지상부의 냉기를 땅속으로 전달하기 때문에, 냉기로부터 보호되어야 할 여린 뿌리들이 상할 수 있다. 그러니 이런 식의 화단은 뒤쪽에 소개할 노지의 화분에 준해서 키우는 것을 추천한다.

그럼 이제 노지에 추식구근을 심으러 가 보자.

어디에 심으면 좋을까:
자리 선정

정원을 가질 때부터 시각적으로 구현하고 싶은 그림이 저마다 머릿속에 있었을 것이다. 그 그림에 맞게 식물을 턱턱 심어 키우면 참 좋겠지만, 아쉽게도 식물들은 저마다 좋아하는 자리가 따로 있다.

추식구근도 마찬가지다. 꽃을 보다 예쁘게, 오래 피우는 자리가 있는가 하면 꽃은커녕 구근이 물러서 썩어 버리는 자리도 있다.

좋은 자리에 대한 설명은 나중에 하도록 하고, 먼저 심으면 안 되는 자리에 대해 설명하겠다. 2, 3일 정도 쉴 새 없이 비가 내린 다음 정원에 나갔을 때 물이 고여 있는 자리, 혹은 이곳저곳에서 흙이 쓸려와서 쌓이는 자리는 피하도록 하자. 이런 자리에 추식구근을 심으면 구근이 물러서 썩거나 꽃이 안 피고 구근도 소멸할 가능성이 높다.

물이 자주 고이니까 축축해서 이런저런 벌레 및 미생물들이 많을 테고, 그로 인해 구근이 잘 썩거나 무르는 것은 이해하기 쉬울 것이다. 그런데 왜 꽃이 안 피거나 구근이 퇴화할 가능성이 있다고 하는 걸까?

이는 빗물이 전달하는 양분과 관련이 있다.

튤립과 같은 추식구근에 속하는 마늘의 경우, 마늘을 재배하는 농가에서 기피하는 땅이 있다. 바로 언덕에서 평지로 이어지는 경계에 있는 자리이다. 이런 자리는 비가 한 번 오면 산이나 언덕에서 빠르게 흘러오던 물이 평지에 도착해 유속이 느려지며 자신이 가져왔던 양분을 그대로 놓고 가는 일이 발생한다. 공짜로 영양분이 생기면 좋은 것 아니냐 하겠지만, 문제는 과한 양분이 추식구근에게는 독으로 작용한다는 것이다.

이런 과양분 속에서 자라는 마늘은 마늘쫑이라고 하는 주아主芽(씨앗처럼 번식이 가능한 줄기 양분의 일종)가 생기지 않는다. 대신 그 자리에 싹이 무한에 수렴하게 끊임없이 나온다. 싹이 끊임없이 생성되기 때문에 구근이 있어야 할 자리에는 구근이 생기지 않고, 대파처럼 싹의 외피가 겹겹이 자리하게 된다. 마늘은 대가 아니라 구근을 먹는 향신료이기 때문에, 이런 마늘이 생기면 그해 농사는 망친 것이다. 농가에서는 이렇게 구근이 발달하지 않은 마늘을 멍청이 마늘이라고 부르는데, 물이 지는(고이는) 자리뿐만 아니라, 비료를 많이 뿌린 밭에서도 이런 멍청이 마늘이 나오곤 한다.

이런 현상이 생기는 이유를 전문 서적이나 논문에서는 아직 발견하지 못했다. 그래서 개인적으로 추론해 보건대, 외떡잎식물은 수염

뿌리의 형태로 뿌리를 뻗기 때문에, 쌍떡잎식물처럼 뿌리를 땅속 깊이 뻗을 수 없다. 따라서 가뭄이나 겨울에 대비하려면 뿌리 외적으로도 양분을 비축해야 생존율이 높아진다. 이때, 씨앗이라는 알곡에 집중한 벼나 밀과 달리, 백합과 식물들은 줄기의 일부를 비대하고 분화하여 그것이 씨앗처럼 기능하는 '구근'이라는 형태를 만들어 이런 위기에 대비한 것이 아닌가 싶다. 그런데 이런 구근은 결국은 가뭄이나 겨울 같은 비상상황을 대비하는 존재이기에, 수분 공급과 양분 공급에 아무런 문제가 없는 풍족한 생활이 계속되다 보면 미래를 위한 대비를 해야 한다는 생각이 얕아지게 되는 것은 아닐까.

다만, 수시로 비료를 많이 뿌리는 농지와 달리 거름을 과하게 시비하지 않은 정원은 물이 고이는 자리더라도 양분이 농지의 경우처럼 극단적으로 많지 않을 수 있다. 그러니 식재 공간이 충분치 않거나, 정원 디자인상 꼭 해당하는 위치에 심어야 한다면 과양분을 경계하며 식재해 볼 수도 있을 것이다. 그래도 가급적이면 배수가 잘되는 땅에 추식구근을 심어 보자. 기본적으로 추식구근은 공기 순환이 잘되는 땅을 선호하니 말이다.

만약 배수 정도가 동일하다면, 아침 햇빛만 받는 자리가 가장 좋다. 하루 중 온도가 가장 낮을 때 빛을 받기 시작하기 때문에, 빛 에너지에 온도가 올라가더라도 휴면 온도에 도달하기 전에 직광이 사라져 버린다. 튤립을 비롯한 추식구근은 생명 변화를 촉진하는 거의 유일한 조건이 바로 온도이니, 노화와 휴면을 유발하는 높은 온도에

창고가 북풍을 막아 주는 자리의 튤립은 유난히 키가 크다. 강한 햇빛과 강한 바람은 키를 작게 만든다.

식물을 노출하지 않을수록 꽃을 예쁘게, 보다 오래 볼 수 있다.

정원의 경우엔 바람도 중요하게 고려해야 하는 요소이다. 특히나 추식구근은 추운 겨울을 나는 식물이기 때문에 겨울과 초봄의 차가운 바람은 추식구근의 생장에 영향을 미치기도 한다.

가급적 강한 바람은 피하는 자리가 좋다. 바람이 쎌 경우 추위에 얼지 않도록, 또 잎과 줄기가 넘어지지 않도록 추식구근 자체에서 많은 양분과 에너지를 소비한다. 긴 생애 주기를 가진 식물은 이런 바람이란 시련으로 인해 어렸을 때 단단한 기반을 다져서 중-장기적 관점에선 이점이 많기도 하지만, 반년을 사는 추식구근에겐 득보다 실이 압도적으로 많을 뿐이다. 바람이 많은 곳은 꽃대가 짧아져서 꽃들이 난쟁이로 피기 쉽다. 수풀이 우거진 반그늘에서 자라는 걸 좋아하는 식물들 중엔 이런 바람이란 시련을 피하고 싶어 하는 식물이 꽤 있으니, 넓고 트인 정원을 가진 가드너들은 이런 점도 중요하게 고려해서 식물을 식재하는 것이 좋다.

어떤 흙에 심을까:
흙 만들기

배수에 문제가 없다고 한다면 일반적으론 고운 흙의 점질성 토양보다는 모래와 같은 사질 토양이 추식구근에는 더 좋다고 한다. 실제로 네덜란드에서도 이러한 사질 토양에 추식구근을 심어 키운다. 사질 토양의 장점은 점질 토양에 비하여 흙의 밀도가 낮고 빈 공간이 많기 때문에 짧은 시간 내에 뿌리를 빨리 뻗는다는 것이다. 추식구근은 생과 사의 기간이 길어 봤자 반년밖에 되지 않기 때문에, 그 짧은 시간 내에 뿌리를 뻗고 잎과 줄기를 뻗고 꽃을 피운 후 구근을 살찌우는 일련의 과정을 밟아야 한다. 그러니 세월아 네월아 하면서 천천히 뿌리를 뻗는 것보다는 최대한 짧은 시간 내에 뿌리를 뻗어야 영양 공급과 성장에 유리하다.

사질 토양은 뿌리를 빨리 뻗는 데 도움이 될 뿐만 아니라 깊이, 멀리 뻗는 데도 도움이 된다. 뿌리는 생장에 필요한 수분과 양분을 공급받는 기관이다. 표면적이 넓으면 넓을수록 식물은 많은 물과 양분을 얻어 최대치의 광합성을 할 수 있다. 정원 가드닝은 실내 가드닝보다 양분 축적에 있어 장점이 많은데도, 구근을 캐 보면 실내에서 키운 구근처럼 시원찮을 때가 있다. 이런 경우, 딱딱한 땅을 풀어 주지 않고 심을 자리만 겨우 파서 심느라 뿌리가 충분히 뻗어 나가지 못해 양분 섭취 부족으로 구근 비대에 어려움이 있었을 가능성이 높다.

사질 토양은 통기성이 좋기 때문에 병해에도 강하다. 천적들의 활동이 용이한 것도 있지만, 시원하고 통풍이 잘되는 환경은 식물 자체의 면역력을 최상으로 끌어올리기 때문에, 설령 병이 생기더라도 더 수월하게 이겨 내는 측면도 있다.

이처럼 장점이 많은 사질 토양이지만 전문가들은 튤립과 같은 추식구근의 식재에 사질 양토를 추천한다. 사질 양토는 모래에 거름기 많은 부엽토를 넉넉히 섞은 흙을 말한다. 실험 결과 사질 양토에 심은 꽃의 컨디션은 사질 토양보다 조금 뒤떨어졌으나, 구근 분화 및 번식에 있어서는 더 좋은 효과를 얻었다. 그래서 우리는 정원의 흙을 사질 양토로 만들어 주는 작업을 해야 한다.

혹시 이 글을 읽고, 사질 토양에 튤립을 심어 볼까 생각하는 사람이 없길 바란다. 사질 토양에 추식구근을 심는 것은 네덜란드나 가능한 상황이다. 네덜란드는 해양성 기후로 가을 겨울의 온도가 낮지 않고(평균온도 2, 3도), 비와 눈이 수시로 오기 때문에 늦봄을 제외하고는 추식구근에 따로 물을 주지 않아도 된다.

그러나 우리나라는 가을, 겨울, 봄이 건조하기 때문에 사질 토양에 튤립을 심으면 관수 시설을 따로 설치하지 않은 이상, 물 부족으로 튤립이 죽을 수 있다. 그러니 모래에 반드시 부엽토와 같은 유기질 양토를 섞어 주어 보수성과 보비성을 보완해 주어야 한다.

사질 양토를 만들 때에는 사용하는 재료에 따라 작업 내용이 달라질 수 있다. 이미 숙성이 되어 버린 부엽토의 경우 땅을 깊이 갈 때 같이 갈아 넣어도 되지만, 낙엽이나 왕겨, 지푸라기를 바로 사용할 때는 구근 식재 후 위에 덮어 주는 방식으로 사용해야 한다. 토양의 이상적 구조는 바위 위에 자갈, 자갈 위에 모래, 모래 위에 점질 토양, 점질 토양 위에 부엽토라는 유기물이 덮여 있는 것이다. 유기물이 지표면에만 있어야 식물에게 더 이로운 방향으로 분해가 진행될 수 있고, 분해 과정에서 나오는 가스가 공기 중으로 바로 흩어져서 식물에 대한 피해를 줄일 수 있으며, 분해된 양분이 물에 녹아 흙 속에 스며들면서 뿌리가 가스의 우려 없이 안전하게 양분을 흡수할 수 있다. 또 낙엽과 지푸라기를 가을이나 겨울에 덮어 주면 낮은 온도로 인해 미생물의 활동성이 떨어져 거의 분해되지 않은 채 봄을 맞이하는데, 초봄은 추식구근이 자기 양분을 가지고 싹을 올리기 때문에 무기질 양분 요구량이 많지 않을 때다. 이때 만약 추가적으로 양분이 제공된다면 과영양으로 인해 삼투 현상이 생길 수 있는데, 다행히 짚과 낙엽은 낮은 온도로 인해 분해가 많이 되지 않은 상태라 추식구근에게 해가 되지 않는다. 오히려 땅을 뒤덮고 있어 추식구근에 필요한 수분이 증발되지 않도록 지키면서 지온을 상승시키는 햇빛은 반사해 버리니, 추식구근에게 도움이 되기도 한다. 온도가 올라 꽃이 시들 때가 되면 미생물의 활동이 활발해지며 위에 덮은 유기물도 분해되기 시작하는데, 이때는 잎이 많아 무기질 양분 요구량이 늘어날 때라, 지표면을 뒤덮은 유기물의 분해가 추식구근에게 이롭게 작용한다. 그 외에도 중부 지방 위쪽으로는 멀칭으로 인한 보온 효과도 있어 최저 생육 온도가 애매한 추식구근의 경우 냉해 방지에 도움이 되기도 한다.

정원에 입자가 고운 점질성 토양의 비중이 높다면 달걀 껍데기나 조개껍질 등을 부수어 땅속에 섞어 주는 것도 좋다. 다만 이때 흰자, 조갯살 등의 유기물이 붙어 있으면 이를 먹이로 하는 동물(ex. 쥐, 파리)이 출현하게 되니, 가급적 깨끗하게 씻은 후 망치로 부수어 섞어 주는 것을 추천한다. 이들 소재는 석회질로 되어 있어 토양의 산성을 중화시키는 효과도 있기 때문에, 산성이 심한 토양에 토양 개량제로 사용해도 좋다.

배수성이 좋은 사질 양토가 준비되었다면 그 자체로도 추식구근을 심기에 충분하다. 그러나 만약 구근 비대를 하고 싶다면 구근을 심기 전에 땅을 좀 더 비옥하게 만들어 주면 좋다.

소똥이나 닭똥, 혹은 유박 같은 유기질 거름을 추가해 보자. 이들 거름은 숙성이 된 상태로 파는 경우가 많지만, 만에 하나를 대비해 일주일 정도 숙성 기간을 더 가지자. 숙성이 다 되지 않은 상태로 흙

속에 넣어 구근을 심으면 숙성 과정에서 나오는 물질과 가스로 인해 구근이 상하고 썩을 수 있기 때문이다. 반드시 흙 위에 뿌려 둔 상태로 햇빛과 바람을 만날 수 있게 하고, 일주일 후에 아래 흙과 섞어 준 후 구근을 심어야 한다.

앞서도 말했지만 땅이 딱딱하면 뿌리 뻗음이 나빠지고 이는 영양 섭취 부족으로 이어지니, 거름 숙성 후 최종적으로 땅을 갈아 줄 때, 구근을 심을 깊이보다 더 깊이 파서 굳은 흙을 부수고 풀어 주어야 한다. 구근을 심을 정도의 깊이가 아니라 뿌리가 뻗어 나갈 자리만큼 파 주어야 한다는 뜻이다. 트랙터나 로터리 같은 기계의 도움을 받으면 좋지만 그게 여의치 않다면 구근 심을 자리만이라도 깊게 판 후 그 흙들을 곱게 부수고 심어 보자. 그러면 구근을 수확할 때도 보람을 느낄 수 있을 것이다.

뿌리 뻗기 좋은 보슬보슬한 땅을 만들었다면 토양 살충제 사용을 선택할 수 있다. 토양 살충제를 식재 일주일 전 뿌려 주면 뿌리응애나 각종 해충으로부터 구근을 보호하고 안전한 환경에서 구근이 뿌리를 뻗도록 도울 수 있다. 다만 앞서 설명했듯, 해충뿐만 아니라 이로운 벌레도 죽어 버릴 수 있으니 유의해야 한다. 농약을 쓴다는 건, 그 영역에 원자폭탄을 떨어뜨리는 것과 같다. 생명체가 일시적으로 사라지고, 농약이 분해된 후 다시 생태계가 형성된다. 이런 농약에 내성이 있어 금방 돌아오는 벌레도 있지만, 아주 오랜 시간이 지나야 돌아오는 벌레도 있다. 이게 우리에게 득이 됐을지, 실이 됐을지

정확하게 따져 계산이 가능할 만큼 과학 기술이 발전하진 않았으니, 생태계 개입과 변수 제공은 신중하게 하는 것을 추천한다.

유박 비료를 사용하고 싶다면

유박 비료란 전통적으로는 깻묵처럼 기름을 짜고 난 종자의 찌꺼기를 숙성한 비료다. 참깨나 들깨, 동백나무 열매 등이 주로 사용되었다.

요즘에는 피마자 기름을 짜고 난 찌꺼기를 많이 사용하는데, 이 열매는 섭취 시 생명을 해할 수 있는 리신Lysine이라는 독성 물질이 있다. 공원에 뿌려 둔 유박 비료를 먹고 길고양이나 산책하던 강아지가 죽는 사례도 있었으니, 사람은 물론이거니와 반려동물도 섭취하지 않도록 주의해서 사용하자.

구근
준비하기

실외에 심는 추식구근의 경우엔 땅속에 있는 무수한 육식성 천적 때문에 병해 방지를 위한 노력을 따로 하지 않아도 개화에 큰 문제는 없다. 다만 그래도 모든 구근이 알뜰살뜰 예쁜 꽃을 피우길 바란다면 소독을 미리 해 주는 것이 좋다.

디메토에이트 유제와 아바멕틴 유제 같은 뿌리응애에 효과가 있는 농약을 1000배 희석한 물에 30분 이상 담아 침지하여 구근을 소독한다. 이때 구근의 껍질은 굳이 벗기지 않아도 좋다. 노지의 경우엔 한겨울의 기온 강하가 심하기도 하거니와, 땅강아지와 같이 단단하고 날카로운 다리를 가진 벌레들이 먹이 활동을 하면서 구근 외피에 손상을 가할 수도 있기 때문에, 목질화된 껍질을 그대로 두는 편이 구근에게 더 좋다. 이는 히아신스나 수선화와 같은 다른 추식구근도 마찬가지다.

다만 구근을 집었을 때 유난히 가볍다거나, 물컹거리는 느낌이 들고, 악취가 난다면 구근이 상했을 가능성이 있으므로, 이 경우엔 부득이하게 껍질을 까서 부패 여부를 확인해야 한다. 주의할 점은 12월 이후에 구입하는 튤립과 수선화 구근의 경우엔 상하지 않아도 구근이 물컹거릴 수 있다는 것이다.

이들 구근은 외부 온도가 떨어지면 뿌리 발아와 별개로 겨울 모드로 들어가게 되는데, 그러면 외피의 양분과 수분이 줄기 중심 쪽으로 옮겨지고 바깥 인편은 공기층이 있는 일종의 뽁뽁이버블랩로 변신한다. 수분과 양분이 빠지고 그 공간에 공기가 들어가 있기 때문에 만지면 푹신푹신 들어갈 수 있지만, 중심 부분에 단단한 게 느껴진다면 의심 말고 심길 바란다.

온도가 떨어짐에 따라 가을이 왔다는 걸 인식한 추식구근은 물을 만나면 언제든 뿌리를 낼 기세이다. 농약 물에 반나절 이상 담아 두면 그새를 못 참고 뿌리를 쭉 뻗은 구근도 나타날 것이다.

이때는 이들 뿌리가 다치지 않게 조심히 꺼내서, 가급적 빨리 심어 주길 바란다. 뿌리가 안 난 구근은 소독 후 말려서 심어도 무방하지만, 한 번 난 뿌리는 지속적으로 습기가 보충되지 않으면 반투막으로 된 하얀 뿌리가 영영 말라 버리고 만다.

추식구근은 외떡잎식물로 한 번 난 뿌리의 일부가 기능을 손상했다고 해서 새로운 뿌리가 나지는 않기 때문에 이미 나온 뿌리가 손상을 입지 않도록 잘 유지해 주는 것이 추식구근 성공의 포인트다.

겨울이 깊어질수록 구근의 외피가 말랑말랑하거나 공기주머니가 생기는 이유

12월이 지나 구근을 구입한 분들 중에 종종 구근이 썩은 것 같다며 문의하는 경우가 있는데, 이야기를 들어보면 구근이 정상인 경우가 많다. 언뜻 만졌을 때 구근이 말캉거려 썩은 것으로 오인한 것이다.

이 경우 구근을 안쪽 깊숙이 만져 보라고 답해 드린다. 중앙 심지까지 말캉거리면 썩은 것이 맞지만 그렇지 않은 경우엔 정상이다.

이런 일이 생기는 이유를 좀 더 자세히 살펴보자면, 추식구근은 11월이 넘어감에 따라 구근에 저장한 탄수화물을 포도당으로 바꾸기 시작한다. 체액의 농도를 높여 얼어 죽지 않기 위함이다. 그렇게 모든 추식구근은 겨울이 다가올수록 외피의 양분을 녹여 중심부로 가져가며 점점 날씬해진다.

봄이 되어 따뜻해져도, 체액에 녹아 있던 포도당은 구근으로 돌아가지 않고, 위쪽으로 이동하여 잎을 키우고 꽃을 피우는 데 쓰인다.

날씬하던 구근은 꽃이 시듦과 동시에 다시 부풀어 오르기 시작한다. 생식 성장의 종료와 함께 영양 생장이 시작

외피의 양분과 수분은 중심 줄기로 이동하고, 수분이 빠진 공간은 공기로 채워진다. 품종과 저온 처리 정도에 따라 외피의 변화는 시기의 차이가 있다. / 외피에 공기주머니가 생긴 구근(좌)과 아직 생기지 않은 구근(우)

되며, 광합성을 하는 족족 포도당이 자당, 자당에서 전분의 형태로 변환되어 구근에 저장되기 때문이다.

만약 구근 속에 있던 꽃봉오리가 없어지거나(블라인드Blind), 말라 죽게 되면(블라스팅Blasting), 시기에 상관없이 구근이 여러 개의 구근으로 쪼개지고 살이 찌기 시작한다. 2세 번식을 위한 꽃을 준비할 필요가 없어졌으므로 바로 구근 비대라는 영양 생장 모드로 변환되었기 때문이다.

구근의 부피 변화가 크게 나타나는 구근도 있고(ex. 마늘, 알리움), 별 차이가 없어 보이는 히아신스 같은 구근도 있으니 이런 특성을 알고 식물을 지켜본다면 마음의 불안이 덜할 것이다.

식물을 죽이지 않는 모든 변화는 그 스스로의 필요와 성장을 위해 있음을 명심하자.

어떻게
심을까

일반적으로 알려진 이야기로는 구근을 구근 크기의 2~2.5배 깊이로 심고, 각각을 구근 직경의 3배 길이의 간격을 두고 심으라고 한다. 이렇게 말을 하는 근거는 무엇일까.

추식구근은 가을에 심어 봄에 꽃을 피우기 때문에 반드시 땅에 심어진 상태로 겨울을 난다. 중위도의 겨울 한파에도 웬만한 추식구근들은 얼지 않는다. 그러나 뿌리의 경우엔 사정이 다르다. 추식구근은 대부분이 외떡잎식물이다. 외떡잎식물은 수염뿌리가 나는데, 대부분 한 해 살고 뿌리가 죽기 때문에 한파나 가뭄을 대비한 뿌리의 목질화가 거의 이뤄지지 않는다. 그래서 이런 추식구근의 뿌리는 한파와 가뭄에 상대적으로 취약하다.

구근은 지표면에 가깝게 심을 경우 뿌리가 추운 지표면에 가까워지기 때문에 상대적으로 냉해를 입을 가능성이 높아진다. 땅속 깊이 여러 뿌리를 뻗어 놓았기 때문에 한파에 모든 뿌리가 얼어 버리지는 않겠지만, 일부 뿌리의 손상이 있게 되면 물과 양분 흡수에 있어 부족함이 있기 때문에 개화와 구근 비대에도 영향을 미치게 된다. 그래서 이런 뿌리의 냉해 피해를 막기 위해 일정 깊이 이상으로 구근을 심으라고 권장하고 있다.

그렇다면 구근 크기의 2배에서 2.5배라는 정확한 기준은 어디서 나왔을까. 이것은 꽃의 대략적인 길이와 무게에서 나왔다. 추식구근 식물들은 대부분 꽃이 크고 화려하다. 이들 무거운 꽃을 나무가 아닌 풀의 줄기로 감당해야 하기 때문에, 얕게 심으면 자칫 비바람에 꽃대가 쓰러지며 구근이 들리거나 뽑히는 일들이 발생한다.

그래서 어느 정도 깊이로 깊게 심어 흙으로 구근과 뿌리를 무겁게 눌러 줘야 꽃대가 휘청거려도 뿌리가 뽑히지 않는데, 그 깊이가 구근 크기의 2~2.5배인 것이다.

그렇다면 만약 이 깊이보다 더 얕게 심으면 어떻게 될까? 이 경우엔 뿌리의 일부가 냉해로 피해를 입을 수 있고, 가뭄이 있을 경우 땅속 깊은 곳에서 물 공급을 받지 못하기 때문에 수분과 영양 공급에 차질이 있게 된다. 이렇게 불안정한 환경은 식물의 위기의식을 자극하기 때문에 생존에 대한 강한 본능을 일깨워서 번식에의 집착을 불러일으킨다. 그러면 구근 분화가 촉진되어 평소보다 더 많은 구근으로 쪼개지게 된다. 광합성 양은 동일한 상태에서 상대적으로 더 많은 구근으로 쪼개진다는 것은 구근 각각의 크기가 작다는 뜻이고,

이는 다음 해에 꽃을 피울 수 있는 개화구가 적어진다는 것과 같은 뜻이다. 많은 종구를 얻기 위해 이 같은 특성을 이용해서 일부러 구근을 얕게 심는 경우도 있긴 하다. 하지만 이 경우에 감수해야 할 또 다른 단점이 있다.

그것은 바로, 꽃의 품질이 떨어질 수 있다는 것이다. 지온의 경우, 땅속 깊은 곳의 온도는 천천히 올라갔다 천천히 떨어져서 온도의 변화가 크지 않다. 그러나 지표에 가까울수록 온도가 빠르게 상승했다가 빠르게 하강한다. 이런 온도 변화는 추식구근에게도 영향을 미친다. 지표에 가까울수록 해가 비칠 때의 급격한 온도 변화가 고스란히 구근에 전달되기 때문이다. 아직 한겨울인데도 한낮에 햇빛을 잘 봤다고 꽃을 일찍 피웠다가 차가운 바람에 꽃이 얼어 버린다거나, 꽃이 난쟁이로 핀다거나, 꽃잎이 크게 부풀어 못난이로 핀다거나, 아직 꽃이 시들 때가 아닌 데도 꽃이 시들어 휴면기에 들어간다거나 하는 일이 생기게 된다.

여기까지 얘기하면 무조건 구근을 깊이 심는 것만이 좋다고 생각할 수 있다. 하지만 구근을 권장 깊이 이상으로 깊이 심었을 때의 문제점도 존재한다.

우선 첫 번째는 꽃이 피지 않거나 꽃의 개수가 적어질 수 있다는 것이다. 구근에는 꽃이 준비되어 있고, 이 꽃을 밀어 올리는 데 필요한 양분도 준비되어 있다. 그런데 너무 깊이 심게 되면 꽃을 땅 위로 밀어 올리는 데 너무 많은 양분을 써 버리게 되어 정작 꽃이 필 때쯤

양분이 부족해서 꽃을 포기하는 일이 발생한다. 다화성 구근의 경우엔 꽃의 개수가 적어지기도 한다.

잎이 늦어지는 것도 문제다. 잎은 곧 양분 축적으로 이어진다. 잎이 늦어지면 양분 생성도 늦어진다. 잎이 늦게 올라온 대신 더 오래 광합성을 할 수 있지 않느냐고 물을 수도 있다. 하지만 이 경우엔 지표면 위로 올라오는 잎의 개수도 적어지기 때문에, 상대적으로 더 오래 광합성을 할 수 있는 것은 맞지만, 잎의 개수가 부족하거나 총표면적이 적다거나 해서 광합성 양은 오히려 부족하게 된다.

그래서 이래저래 계산해 봤을 때 가장 효율이 좋은 깊이가 구근의 2~2.5배 깊이라는 것이니, 가급적 그에 맞게 심도록 하자.

가끔 북쪽 국경 지역에 살아서 구근과 뿌리의 냉해를 걱정하여 그보다 더 깊게 심으려고 하는 분들도 계신다. 그러나 굳이 그럴 필요가 없다고 말씀드리고 싶다.

너무 늦은 시기에 구근을 심은 게 아니라면, 즉 가을에 구근을 심어 뿌리가 정상적으로 나오고 나면, 기온이 뚝뚝 떨어졌을 때 뿌리가 땅속 깊이 맹렬히 파고들어 가면서 구근과 뿌리 전체가 원래 심었던 깊이보다 더 깊이 들어간다. 이렇게 들어간 뿌리와 구근은 얼었던 땅이 녹으며 지표면의 흙이 상승하게 되면 덩달아 같이 올라와 처음 심었던 깊이로 올라오게 된다. 그러니 처음부터 권장 식재 깊이로 심어도 충분하다.

여기까지 말했을 때 예리한 분들은 눈치챘을 테지만, 정원의 경우엔 구근을 심는 시기도 매우 중요하다. 우리는 뿌리가 육안상 보이지 않기 때문에 그 중요성을 간과하지만, 장기적 관점에선 사실 뿌리의 역할이 제일 중요하고, 그 뿌리를 제대로 내리게 하기 위해서는 정확한 타이밍에 구근을 심는 것이 꼭 필요하다.

극단적으로 말해서 2월, 아니 중부 지방의 경우엔 3월에 추식구근을 심어도 꽃을 볼 수 있다. 하지만 이 경우 꽃만 겨우 볼 뿐, 구근 비대는 충분히 되지 않아 다음 해에 꽃을 보기 어려운 경우가 많다.

무스카리와 히아신스는 8월 말에서 9월, 수선화는 9월 말, 튤립은 10월에서 11월 사이에 흙에 심어야 밤사이 떨어지는 온도의 변화를 느끼며 뿌리를 땅속 깊이 충분히 뻗는다. 한파가 불어올 즈음엔 이미 형성된 강인한 뿌리의 힘으로 구근을 땅속 깊이 데리고 들어간다. 땅이 얼지 않았다면 12월이나 1월에 구근을 땅에 심는 것도 가능하긴 하지만, 며칠 사이에 다시 기온이 뚝 떨어져 버리면 갓 뻗은 연약한 뿌리가 구근을 땅속 깊이 당기지 못하고, 그 위치에서 그대로 한파를 맞으며 경우에 따라선 뿌리의 냉해를 입을 수도 있다. 그러니 불가피한 경우가 아니라면 가을에 모든 구근을 심도록 하고, 부득이하게 한겨울에 구근을 심었다면 뿌리 냉해를 막기 위해 위에 낙엽이나 왕겨, 부직포 등으로 멀칭을 해 주어 한파에 대비를 해야 한다.

심는 깊이는 구근 크기의 2~2.5배 깊이라고 한다면, 간격은 어떻게 될까. 알려진 바로는 구근 지름의 3~4배 정도가 구근 비대에 이상적이라고 한다. 그러나 추식구근은 심을 때마다 정원 디자인이 가능한 식물이기 때문에 가드너의 의도에 따라 식재 간격은 달라질 수 있다는 점을 알려드린다. 식재 깊이는 정원 가드너가 무조건 준수해야 하는 사항이라면, 식재 간격은 권장 사항 내지 참고 사항에 해당된다고 볼 수 있다.

유럽의 정원이라던가, 네덜란드의 광활한 튤립 밭에서 보는 튤립들은 대량으로 식재되어 있기 때문에 15cm 간격으로 심겨 있어도 아쉬움이 없지만, 소량의 튤립을 그렇게 심으면 듬성듬성해 보일 수도 있다. 게다가 그중 개화에 실패한 구근이라도 있게 되면 밸런스까지 깨지며 전체적인 그림이 조화롭지 않을 수도 있다.

그래서 소량 심을 때에는 되려 붙여 심는 것이 추식구근을 보다 풍성하게 즐기는 방법이 되고, 특히나 빛이 부족한 반그늘, 뒤뜰에 심는 거라면 밀식이 잎의 연약함을 가려 주는 데 도움이 될 수 있다.

이는 수선화나 튤립도 마찬가지다. 오히려 잎이 가느다란 수선화는 튤립보다 더 좁은 간격으로 심어야 단촐함에서 오는 어색함을 지울 수 있다. 물론 처음부터 대용량을 사서 왕창 심었다면 상관없다. 하지만 3개, 6개, 이런 식으로 소량 구입했다면 가급적 모아 심어 보도록 하자. 물론 양분 흡수와 구근 번식에 조금의 아쉬움은 있을 수 있지만, 그것은 4년 뒤 구근을 분화하여 재식재할 때 커버할 수 있다. 그러니 머릿속에 꿈꾸던 예쁜 그림을 위해 구근을 구입했다면 만족할 그림을 그려 내는 데 집중해 보도록 하자.

지피 식물:
땅을 가려 주는 식물 심기

추식구근은 지온의 영향을 많이 받는데, 흙은 햇빛을 받으면 온도가 빠르게 상승한다. 봄철 지온 상승을 막기 위해 땅을 식물로 가리면, 추식구근이 더 좋은 품질로 개화하고 개화 기간도 연장되며, 광합성 기간도 늘어나 구근 비대에도 도움이 된다.

　땅을 낮게 덮어 주는 식물을 지피 식물地被植物이라고 하는데, 잔디나 클로버, 이끼 같은 식물이 대표적이다. 추식구근을 식재한 환경의 햇빛, 바람, 토질과 배수 정도에 맞춰 가장 잘 자랄 지피 식물을 고르고 심어 주자. 개인적으로는 개불알풀과 제비꽃을 추천하는데, 이른 봄에 피어나서 추식구근이 깨어나는 시기에 맞춰 땅을 덮어 줄 수 있기 때문이다.

　추식구근을 지피 식물로 활용할 수도 있는데, 대표적인 식물이 아이페이온과 무스카리이다. 이 두 식물은 비교적 일찍 개화를 시작하고, 여러 개의 꽃대가 바통 터치하며 피어나 총 개화 기간이 길다. 또 번식력이 좋고 성장세가 좋아 비교적 적은 비용으로 땅을 효과적으로 덮어 줄 수 있다.

빼곡하게 식물을 채우다가 내가 주력으로 하는 추식구근에게 갈 양분이 모자르진 않을까 걱정이 될 수도 있다. 그럴 땐 비료를 조금 뿌려 주면 된다. 사실 비료는 뿌려 준 이득보다 뿌려 준 손실이 더 클 때가 많은데, 특히나 듬성듬성 식물을 심었을 때가 그렇다.

식물마다 요구하는 양분의 비율은 각기 다르다. 어느 땅에 한 가지 종류로만 식물을 몰아 심으면 양분의 특정 성분만 흡수되고 나머지는 흙에 축적되면서, 해당 성분이 다른 성분의 흡수를 막는 길항 작용이 나타나기도 한다. 그래서 다양한 성분의 영양분이 일정 비율

지피 식물로 사용할 수 있는 무스카리 아르메니아쿰(Armeniacum). 구근이 저렴하고 번식력도 좋아 지피 식물로 쓰기에 부담이 적다.

로 섞여 있는 복합 비료를 사용할 땐, 양분 요구량이 각기 다른 여러 종류의 식물이 뒤섞여 있는 편이 부작용이 덜하다. 봄철 잎 성장기의 추식구근에 비료를 뿌려 주고 싶긴 하지만 자칫 과영양으로 부작용이 올까 봐 걱정이 될 경우, 지피 식물이 넉넉히 있다면 이런 부작용을 상쇄해 주니 편한 마음으로 비료를 뿌려 줄 수 있다.

다만, 알비료를 사용할 경우엔 반드시 비가 내리기 전에 뿌려 주도록 하자. 알비료는 고체의 상태이기 때문에 물을 만나야 양분이 녹아 나올 수 있다. 어린 시절을 떠올리면 비 오기 전에 농약 뿌리고 비 온 후에 비료 뿌렸다가, 엄마에게 잔소리를 듣던 아버지의 모습이 기억 한 켠에 자리한다. 알비료는 비 오기 전에 뿌리거나 뿌린 후에 물을 충분히 줘서, 여러분들의 자녀에게 슬픈 기억을 남겨 주지 않길 바란다.

천적 대비
작업

정원에 식물을 심었다면 마지막으로 해야 할 작업이 있다. 바로 구근 사냥꾼에 대비하는 것이다. 추식구근을 욕심내는 동물은 해충만 있는 것이 아니다. 땅속 구멍을 통해 길을 파고 들어와 감쪽같이 구근만 먹고 가는 두더지도 있고, 겨울철 산에는 궁핍한 탄수화물을 찾아 민가로 내려오는 고라니와 멧돼지도 있다.

먼저 고라니와 멧돼지를 대비하는 법은 간단하다. 튼튼한 울타리를 치는 것이다. 만약 미관상의, 혹은 지형상의 이유로 울타리를 치는 것이 어렵다면 울타리 역할을 하는 나무를 심는 것도 좋다. 전통적으로는 탱자나무처럼 뾰족한 가시가 있는 나무를 집 둘레에 쭉 심어서 동물과 사람의 침입을 막고 탱자 열매를 약용으로 활용해 왔다. 그러나 그 가시가 사람 가려 가며 찌르는 것은 아니니 좀 더 부드럽되 단단한 소재를 사용해 보고자 한다면, 사철나무나 쥐똥나무,

측백나무를 심어 보는 것도 좋다. 다만 나무이다 보니 밑동으로 작은 틈새가 생겨 동물의 유입을 100% 막지는 못할 수 있다. 보다 확실하게 하려면 동물 방지망을 설치하는 것이 좋으니, 고라니와 멧돼지의 출몰 가능성이 높은 곳에 있다면 가장 우선적으로 고려해 보자.

자, 이제 두더지의 얘기를 해 보자. 이 동물은 산지, 평야, 시골, 도시를 가리지 않는 전천후 악당이다. 추식구근의 경우엔 구근을 먹어 치워 문제가 되지만, 다른 관엽 식물이라고 괜찮은 것도 아니다. 주 먹이인 지렁이를 사냥하기 위해 수시로 땅속을 헤집고 다니며 굴을 파기 때문에, 그 위에 쌓인 흙들이 무게를 이기지 못하고 무너져 내리게 된다. 그러면 식물들이 딸려서 흙더미에 묻히거나, 지나치게 깊은 위치에서 생장을 시작하는 바람에 성장 장애로 죽기도 한다.

아주 오래된 과수원의 경우엔 나무의 뿌리가 깊게 엉겨 붙어 있어서 트랙터나 로터리 등으로 흙을 갈아엎는 것이 어렵기 때문에 두더지가 땅속을 헤집어 주는 것이 과수목의 성장에 도움이 되기도 하지만, 그런 예외적 상황을 제외하곤 일반적으로 도움이 안 되는 게 두더지의 현실이다.

시중에 두더지 트랩이 여러가지 나와 있으니 그것을 사용하는 것이 도움이 될 수도 있으나, 두더지는 다른 해충과 달리 크기가 크다 보니 '살생'을 한다는 심적 부담감이 크게 다가올 수도 있다. 그래서 두더지를 직접적으로 잡기보다는 두더지가 오지 않게 하거나, 아니면 오더라도 구근을 먹지 못하는 방식으로 대비해 보려고 한다.

우선 두더지가 오지 않도록 하는 방법이다. 속이 텅 비어 있는 철제 파이프를 준비하자. 굵기가 굵을 필요는 없다. 웬만한 비바람에 쓰러지지 않을 정도의 굵기이면 충분하다. 길이는 크게 상관없다. 허리춤까지 와도 되고 정강이까지 와도 된다. 준비한 파이프를 추식 구근을 심은 화단 둘레로 2~3m 간격으로 꽂는다. 간격이 좁을수록 효과는 더욱 크다.

흙에 꽂을 때 깊이는 15~20cm 이상으로 꽂는다. 그리고 파이프 꼭대기에 바람개비나 풍경 등을 달아 준다. 이렇게 하면 작은 바람에도 바람개비나 풍경이 움직이며 그 소리가 파이프 관을 통해 땅속으로 전달된다. 두더지는 시력이 낮은 대신 청각이 고도로 발달된 동물이다. 땅속에 바람개비나 풍경의 소음이 들리면 소음에 귀가 아파 접근을 하지 않으려고 할 것이다.

이 방법은 실제로 농가에서도 사용하는 방법으로, 시중에는 이런 원리를 이용한 초음파 두더지 퇴치기도 나와 있으니, 정원의 면적이 넓다면 이런 제품의 도움을 받는 것도 좋다.

두 번째로 두더지가 오더라도 구근을 먹지 못하게 막는 방법이다. 이것은 유럽과 같은 서양에서 주로 사용하는 방법인데, 구근을 철제 망사망 등에 담아서 땅에 심는 것이다.

대규모로 심을 때에는 기다란 망사망을 땅에 먼저 펼친 뒤 그 위에 구근을 올려 심고, 그 위를 다시 망사망으로 덮은 후 흙을 덮기도 한다. 다만 이 경우엔 많은 추가 비용이 발생하고, 얇은 철사줄이 물과 산소에 의해 산화되어 끊어질 경우 나중에 흙을 파다 찔려서 파상풍 같은 사고로 이어질 수도 있다.

그래서 요즘은 플라스틱으로 된 구근 망을 구근 심을 때 활용하는데, 많은 양을 심어야 할 때는 노동력과 비용이 상승된다는 단점이 여전히 있다.

물 주기

노지의 경우엔 추식구근을 제대로 심고 나면 봄까지 딱히 할 일이 없다. 다만 우리나라에서는 따로 신경 써야 하는 점이 한 가지 있으니, 그것은 바로 봄철 강수량이다.

알다시피 한국의 겨울은 울릉도나 강원도 고산 지대, 무주 등의 폭설 지대를 제외하면 눈비가 거의 없는 건조한 날씨를 가지고 있다. 가을에 심어 충분히 뿌리를 뻗고 난 이후에는 땅속에서 현상 유지를 하고 있기 때문에 특별히 많은 양의 물을 요구하지 않으나, 뿌리를 뻗는 시기, 그리고 잎과 꽃을 내는 급성장기에는 굉장히 많은 양의 물을 요구하는 게 추식구근이다. 따라서 한파가 있는 한겨울을 제외하곤 뿌리를 뻗는 가을과 잎이 나는 초봄에는 정원에 물을 따로 챙겨 주는 노력이 필요할 수 있다.

물론 추식구근은 구근 안에 양분과 수분이 있기 때문에 얼마간 흙을 바싹 말려도 죽지 않고, 심지어 꽃을 올릴 수도 있긴 하다. 그러나 물을 부족함 없이 챙겨 준다면 더 많은 잎과 꽃을 피우고 구근 번식도 더 많이 하게 될 것이니, 이를 기억해 두자.

참고로 혹한기에는 추식구근에게 물을 주는 것을 추천하지 않는다. 물이 땅에 스며들면서 물줄기가 생기고, 그 물줄기가 얼어붙으며 주변에 있는 구근의 여린 뿌리들을 냉해로 죽일 수도 있기 때문이다. 부득이하게 구근을 겨울에 심어야 할 때 땅이 어는 날을 피해서 심으라는 것도 이 때문이다. 그러니 물은 온도가 영상일 때, 한낮에 주는 것을 추천한다.

실외에서 화분으로
추식구근 키우기

전면이 공기 중에 노출되어 있고 바닥이 시멘트로 되어 있는 화단은 커다란 화분으로 봐야 한다는 말을 앞서 하였다. 이렇게 옆면이나 바닥면을 통해 겨울의 냉기가 들어가게 되면 표면의 흙이 단열 처리를 해 주는 효과를 누릴 수 없게 된다. 그래도 구근 가까이에 있는 오래된 뿌리는 영하 이하의 추위도 거뜬히 버티지만, 생장점에 가까운 가장 최근의 뿌리는 아직 목질화가 덜 되어 있어 추위와 건조에 약하다. 만약 이들 뿌리에 냉기로 인해 세포 손상이 일어나게 되면 생장점이 파괴되어 더 이상 뿌리를 뻗지 않게 된다. 뿌리 생장이 멈춘다는 뜻이다.

그래서 뿌리를 뻗는 동안에는 지나친 저온에 노출되지 않도록 해야 한다. 보통 식재 후 한두 달이면 뿌리를 다 뻗기 때문에 가을에 구입하여 식재한 후 화분을 밖에 두는 것은 괜찮으나, 만약 늦가을이나 겨울에 화분에 식재했다면, 뿌리가 다 날 때까진 화분을 평균 온도 5도 이하의 공간에 두지 않도록 해야 한다. 만약 이 기간에 별도로 화분을 보관할 장소가 없다면 구근을 심지 않고 있다가 날이 풀린 2월에 심는 게 차라리 낫다.

뿌리가 잘 났다고 하더라도 한겨울의 냉기는 위험하다. 따라서 영하의 날씨에는 가급적 창고 등에 넣어 두거나, 온실이 있다면 온실 또는 하우스에 두는 것이 좋다. 낮 동안엔 햇빛을 보기 때문에 설령 온도가 영하 이하라도 어느 정도까진 괜찮다. 그러나 한파로 인해 낮 기온이 영하 5도 이하로 뚝 떨어진다거나, 한낮에 구름이 끼어 날이 흐리다면 이때도 밖에 두는 것보단 별도 공간에 두는 것이 좋다. 온도가 영상으로 관리되지 않는 미니 하우스라면 보일러 등의 가온 장치를 통해 온도를 높여 줘야 한다.

화분을 부직포나 안 쓰는 이불 등으로 싸매는 것도 나쁘진 않다. 흙의 윗면이 아니라 옆면과 바닥면도 모두 감싸야 한다. 다만 이런 것의 단열 능력과 보온 능력에는 한계는 있으니, 한파가 심한 지역에서는 가급적 화분에 심어 밖에 두는 것은 피하는 것이 좋겠다.

Part 3
실내에서
구근 심기

실내에서 구근 심기는 노지의 땅에 심는 것과는 조금 다르다. 환경이 달라서 우리가 고려할 사항 또한 달라지기 때문이다. 일단, 건축법상 실내 공간의 외부에 면한 공간을 부르는 이름이 우리가 통상적으로 아는 이름과 다르니, 개념부터 정리하고 넘어가도록 하겠다.

건축법에서는 발코니와 베란다, 테라스를 이렇게 구분한다. 위층과 아래층의 바닥 면적차로 생기는 공간은 베란다라고 부른다. 즉, 베란다는 계단식 아파트에서 위층의 면적이 좁아 아래층에 생기는 지붕 바깥의 공간이다.

우리나라 아파트처럼 위층과 아래층의 면적이 같은 경우는 베란다라고 부르지 않고 발코니라고 부른다. 발코니는 건물의 외벽에 접하여 부가적으로 돌출된 공간으로, 바깥면이 창문으로 막혀 있을 수도 있고, 창문이 없이 개방되어 있을 수도 있다. 가끔 아파트 외벽의 돌출된 부분을 테라스라고 부르기도 하는데, 테라스는 엄밀히 말하자면 1층의 돌출된 외부 공간을 말한다.

이렇게 정리하고 나면 우리 대부분이 실내에서 추식구근을 키우는 공간을 발코니라고 불러야 할 것 같다. 하지만 이미 사회통념상 창문으로 가려진 추가 공간을 베란다라고 부르고 있기도 하거니와 창문이 없는 추가 공간을 발코니라고 불렀을 때의 혼동도 있기 때문에, 이 책에서는 창문으로 막혀 있는 경우엔 베란다, 개방되어 있는 경우에는 발코니라고 부르고자 한다.

일단 구근을 준비하고 심는 과정에선 베란다와 발코니의 차이가 없으니 통합하여 설명해 보도록 하겠다.

구근
껍질 벗기기

실내에 구근을 심을 때에는 반드시 껍질을 벗기는 것을 추천한다. 땅강아지처럼 구근에 손상을 가할 동물이 없기도 하거니와, 화분이라는 특수한 환경으로 인해 영하 5도 이하의 추위에서 구근을 키울 일이 없기 때문에 추위로부터 구근을 보호할 명분도 없다.

튤립의 경우엔 단단한 껍질을 벗기는 것으로 준비가 끝나지만 수선화나 히아신스 같은 다른 추식구근은 한 번 더 신경을 써야 하는 부분이 있다. 바로 뿌리 부분이다.

튤립은 구근 바닥의 반쪽 돌기에서만 새 뿌리가 나기 때문에 구근에 전년의 뿌리가 남아 있지 않다. 그러나 수선화나 히아신스, 무스카리와 같은 구근은 뿌리가 날 기저부에 전년도에 났던 뿌리가 두껍게 말라붙어 있다.

이 부분을 정리하지 않고 그대로 심으면 말랐던 작년 뿌리가 물

튤립은 밑동의 절반에서만 뿌리가 터져 나온다.
다음 해에는 반대쪽에서 싹이 나온다.

죽은 뿌리를 제거하지 않으면
새 뿌리에 흙이 닿기 어렵다.

에 불어나면서 구근 밑에 작년 뿌리로 가득 찬 비어 있는 공간을 만들게 된다. 그러면 새로운 흙이 들어가지 못하면서 구근에 지속적인 수분과 양분 공급을 막아 버리고, 초반 뿌리 활착을 방해한다.

또한 수선화의 경우엔 히아신스나 무스카리에 비해 뿌리가 더디 나는 편인데, 기저부의 두꺼운 각질층이 제거되면 뿌리 발아율이 좋아진다. 아무래도 자연 상태에서 계속 자랐다면 땅속 미생물들이 죽은 뿌리와 각질층을 분해하여 없애 주었을 테지만, 실내 환경은 미생물의 양과 가짓수가 적다 보니 노지에선 없었던 어려움이 생긴 탓이다.

크로커스와 샤프란, 프리지아의 경우엔 따로 정리할 뿌리는 없지만 외피를 벗길 때 각별한 주의가 필요하다. 코코넛 섬유질로 만들어진 것 같은 이들 외피는 안에 무수히 많은, 그리고 연약한 새순을 감싸고 있다. 튤립 껍질을 벗기듯 세게 문질러 벗기다 보면 새순들이 똑똑 끊어지는 일이 많으니, 조심히 들춰 보며 걷어 내길 바란다.

추식구근들은 수입 과정에서 여러 번의 소독을 받는다. 이때 사용된 약제와 흙 먼지, 곰팡이 균등이 껍질에 붙어 있기도 하니, 껍질을 벗길 때에는 마스크과 장갑을 착용하길 권장한다.

구근
소독

실내 역시 구근을 소독해야 한다. 특히나 실내의 경우엔 해충을 잡아먹는 육식성 천적이 존재하지 않으니 특히나 가드너의 예방 및 관리가 중요하다.

사용 약제는 디메토에이트, 아바멕틴처럼 뿌리응애의 살충 효과가 있는 약제를 추천한다. 이 약제로는 뿌리응애만 방제되는 것이 아니다. 디메토에이트와 아바멕틴은 접촉독과 소화중독에 의한 식독 효과를 가지고 있기 때문에 침지해서 사용했을 때 다른 해충에도 유효하다.

프리지아와 무스카리에 잘 딸려오는 진딧물, 수선화에서 보이는 굴나방, 튤립에서 발견되는 바구미 등도 이 농약에 침지했을 때 살충 효과를 기대할 수 있다.

사용량은 1000ml당 1ml로 보통 1000배 희석하여 사용하는 것을 추천한다. 농약을 푼 물에 구근을 넣되, 물 위에 뜨지 않도록 무거운 것을 위에 올려 눌러 주는 것이 소독에 더욱 효과적이다. 30분 정도 담가 두되, 몇 시간까지는 두어도 괜찮다.

소독 후 꺼낸 구근은 따로 세척하지 않고 그대로 심어도 되지만, 아이들과 함께 구근을 심고자 한다면 다시 깨끗한 물에 씻은 후 바람 드는 그늘에서 일주일 이상 잘 말렸다가 사용하면 된다.

다만, 구근에 따라서는 구근 안쪽 깊숙이 벌레가 숨어 있다가 다시 나오는 경우도 있으니, 보관하는 동안 다시 벌레가 번지지는 않았는지 잘 살펴보아야 한다. 또 보관하는 곳에 마늘이나 양파, 대파 같은 구근 식물을 같이 두면 그로 인해 구근선충이나 뿌리응애와 같은 해충이 다시 옮겨붙을 수 있으니 각별히 신경 써야 한다.

구근
심기

실내에서 구근 심기는 노지에 심을 때보다 조금 간단한 측면이 있다. 구매한 흙을 화분에 부어서 사용하기 때문에 따로 흙을 부수어 주거나 양분을 추가할 필요가 없기 때문이다.

그래도 디테일에 따라 결과의 차이가 있을 수 있으니 흙의 종류와 화분의 종류, 크기와 심는 깊이에 대해서 세세히 다뤄 보도록 하자.

흙의 종류

시판되는 흙은 크게는 상토와 배양토(분갈이 흙)로 나뉘고 있지만 실제 내용을 보면 경계가 불분명한 경우가 많다. 또 어떤 배양토의 경우엔 양분에 힘이 실려 있어 우분과 같은 유기물 거름과 큰 차이를 보이지 않는 퀄리티를 갖고 있기도 하다. 추식구근에 사용하기에 적합한 흙은 사질 양토로, 거름기 있는 유기물과 배수에 좋은 모래와 자갈이 적절히 섞여 있는 흙이다. 아쉽게도 시중에 판매되는 흙 중에는 알맞은 제품을 찾기가 쉽지 않다.

그래서 나무나 낙엽을 부수어 숙성한 부엽토가 섞여 있는 일반 배양토를 구입한 후 거기에 모래나 자갈을 추가적으로 섞어서 사용하는 것을 추천한다. 이런 흙의 장점은 유기물 자체도 무게감이 있기 때문에 구근이 뿌리째 들리지 않도록 단단히 지지해 줄 수 있고, 물을 주어도 잘 빠져나와 과습으로 이어지지 않는다는 것이다.

상토의 경우엔 기본적으로 가볍기 때문에 초반의 뿌리 뻗음에는 도움이 되지만, 흙이 가볍기 때문에 구근을 단단하게 눌러 주지 못해, 개화 이후에 꽃의 밸런스가 무너지는 원인이 된다.

소재별로 살펴보면 피트모스보다는 코코피트가 많은 흙이 좋다. 양분적인 측면에선 큰 차이가 없고, 오히려 피트모스는 약 산성을 띄고 있기 때문에 양분의 흡수 면에서 이점이 있는 것 같지만 물을 먹고 부피가 팽창할 때 흙 속 공기층을 없애면서 뿌리 손상을 유발하는 단점이 있다. 이런 단점은 심은 초기에는 온도가 낮아 잘 보이지 않다가 개화에 이를 무렵 갑자기 높아진 온도에 미생물 활동이 활발해지며 급작스럽게 나타난다. 잘 자라던 추식구근이 갑자기 시들시들하며 꽃봉오리가 썩거나 마르며 잎이 축 늘어진다면 흙의 통기성 때문은 아닌지 의심해 보아야 한다.

피트모스와 유사한 결과가 나오는 흙으로는 분변토를 꼽을 수 있다. 분변토는 지렁이가 싼 똥을 말하는 것으로, 구매할 때는 동글동

글한 자갈 모양을 하고 있어 통기성이 좋아 보인다. 하지만 여러 번 물을 주면 흙 덩어리가 풀어지며 점질성 토양이 되어 버린다. 실외에서 점질 토양에 추식구근을 심었을 땐 그 나름의 장점도 있기는 하지만, 실내의 경우엔 흙이 단단해졌을 때 이를 풀어 주며 공기층을 되살려 줄 벌레(땅강아지, 돌지네, 지렁이 등)가 존재하지 않기 때문에 단단하게 굳어진 토양 안에 뿌리가 갇혀서 꽃이 고사하는 일이 발생하곤 한다. 그러니 분변토를 사용할 때는 5%의 비중을 넘기지 않도록 주의해야 한다.

유기물이 지나치게 많이 포함된 흙도 피해야 한다. 이때 유기물은 탄소질이나 질소질의 양분이 많은 흙일 수도 있고, 이러한 영양분이 거의 없는 형태로의 유기물일 수도 있다. 그러나 두 가지 다 추식구근을 심는 데는 적합하지 않다.

유기물의 경우엔 작은 미생물의 먹이가 된다. 구근을 심은 늦가을과 겨울엔 온도가 낮아 미생물의 활동성이 떨어지게 되므로, 물을 충분히 주어도 미생물의 활동으로 인해 뿌리가 손상되는 일이 거의 없다. 그러나 봄이 되어 온도가 가파르게 오르게 되면 미생물이 흙속 유기물을 폭발적으로 섭취하며 많은 열이 발생하게 된다. 이 열은 구근의 조기 휴면을 불러일으키므로, 유기물 100%로 흙을 배합하지 않도록 주의해야 한다. 특히 단열이 잘되어 공간의 온도가 주로 높게 유지되는 공간이라면 더더욱 이런 유기물의 비율을 줄이고 무기물(특히 모래 같은 차가운 소재)의 비율을 늘려야 한다.

어차피 개화에 필요한 양분은 구근이 이미 가지고 있다. 흙의 영양학적 측면에 몰두하기보단 통기성과 배수성이라는 공간으로써의 흙의 성질에 초점을 맞춰서 흙을 배합한다면, 더 좋은 결과를 볼 수 있을 것이다.

화분의 종류

추식구근이 다른 식물과 확연히 다른 점이 있다면 바로 화분에 따른 결과의 차이가 크게 나타난다는 것이다.

추식구근은 봄에 꽃을 피우지만, 대부분의 봄에 피는 꽃들과 달리 장일 식물이 아니다. 추식구근은 중일 식물로, 햇빛을 쬐는 시간에 상관없이 다른 요인에 의해 개화가 결정된다. 그리고 그 요인이라 함은 당연히 온도이다.

여기서 잠깐, 추식구근의 대표격인 튤립의 역사에 대해서 알아보고 가자. 튤립은 원래 중앙 아시아의 파미르고원에 서식하던 식물이다. 위도는 우리나라와 같은 중위도로, 고원 지대이기 때문에 햇빛은 강하지만 강수량은 적고 겨울엔 차가운 대륙성 기후에서 살고 있었다.

그런 튤립이 실크로드를 오가는 상인들의 눈에 들어 11세기에 터키에 전파가 되었고, 그곳에서 전국민적인 사랑을 받다가 16세기에 네덜란드에까지 전파된다. 여기서 튤립은 일대도약의 기회를 갖게 되는데, 그것은 네덜란드라고 하는 나라의 특수한 지리적 환경에서

연유한다.

네덜란드는 유럽 북부에 위치한 나라로 위도상 북위 50~53도의 고위도에 속한다. 위도가 높을수록 기온이 떨어지기 마련인데, 네덜란드는 겨울에 멕시코 난류가 영국 해협을 통해 올라오기 때문에 겨울철 평균 온도가 2.7도에 달할 정도로 온난한 날씨를 보인다. 겨울은 추식구근이 뿌리를 내리거나 싹을 올릴 때인데 이 시기에 강수량 또한 많기 때문에, 유기물이 부족하고 배수성이 좋은 사질 토양에 구근을 심어도 구근의 뿌리가 말라 죽지 않게 된다. (꾸준한 수분 관리를 해 줄 수 있다면 추식구근에겐 양토보다 사질토가 더 좋다.)

이렇게 온난하고 습윤한 날씨에서 뿌리를 단단히 내린 구근들은 봄이 되면서 싹을 일제히 올리고 광합성을 하게 되는데, 이땐 고위도의 서늘한 온도가 지속적으로 유지되는 상황에서 빛을 받기 때문에 잎이 빠르게 올라오거나 꽃이 서둘러 피는 일 없이 천천히 개화 온도에 도달하게 된다.

개화를 하고 난 이후의 상황은 더 드라마틱하다. 북반구의 경우 고위도 지방은 오히려 여름에 해가 더 길다. 이른바 백야 현상이다.

개화를 하고 난 추식구근은 햇빛을 보고 광합성을 한 후 탄수화물을 구근에 저장해야 하는데, 추식구근의 구근 비대는 일정 온도에 이르면 중단이 되는 성격이 있다. 이 온도를 휴면 온도라고 부른다. 추식구근 종류마다, 또 품종마다 휴면 온도는 세세하게 다르지만, 일반적으로 튤립은 평균 온도 20도 이상이 되면 휴면기에 들어가 광합성을 멈추게 된다.

그런데 네덜란드의 경우엔 여름이 다가올수록 빛을 쬐는 시간이 늘어나며 튤립이 받는 열에너지가 늘어나지만, 이 시기부턴 네덜란드 앞바다로 차가운 북해의 바닷물이 내려오기 때문에 여름철 평균 온도가 17도를 넘지 않게 된다. 때문에 빛은 빛대로 쬐면서 휴면기에 들어가지 않은 튤립은 개화에 충분한 양분뿐만 아니라 그 이상의 양분을 구근에 비축하는 것이 가능해졌고, 이는 작은 원종 튤립에서 커다란 원예용 튤립으로의 개량을 가능케 했다. 알리움 같이 기이할 정도로 거대하고 풍성한 꽃도 일반적인 환경에서 저장하는 탄수화물로는 만들 수 없는 작품이다. 오직 네덜란드라는 특수한 환경에서만 이토록 불가사이한 양분 축적이 가능하고, 이 양분을 바탕으로 한 크고 풍성한 꽃의 개화가 가능한 것이다. 세계 각국에 고향을 둔 각종 구근 식물이 네덜란드라는 농장을 통해서 주로 생산되어 판매되는 이유도 바로 이 때문이다.

이렇듯 추식구근에게 온도가 미치는 영향은 어마어마하게 크다. 한마디로 말하면 'warm-cool-warm'의 온도에서 추식구근이 잘 자란다는 것인데, 그 온도가 조금이라도 삐끗하면 뿌리가 안 나거나 꽃이 제대로 안 피는 일이 발생한다.

그래서 추식구근을 키울 때는 온도 관리가 생명이고, 무엇보다 봄철에 추식구근이 높은 온도에 노출되지 않도록 각별히 유의해야 한다.

온도 관리라고 하면 식물의 잎과 줄기의 온도만 신경쓰기 쉬운데, 실제로 발아와 개화, 휴면기에 영향을 미치는 온도는 지온이라 불리는 흙의 온도이기 때문에, 이 지온에 많은 영향을 미치는 화분을 신중하게 고르고, 해당 화분의 단점을 섬세하게 보완하며 관리해야 한다.

시중에 나온 화분은 편의상 크게 3가지로 나눌 수 있을 것 같다. 하나는 토분, 그리고 플라스틱 화분과 도자기 화분이다.

먼저 토분에 대해서 알아보면, 토분은 추식구근 식재에 단점이 많은 화분이다. 흙으로 만들어져 있어 열전도율이 좋아, 빛을 받으면 그 열을 고스란히 내부의 흙에게 전달하기 때문이다. 토분에 심으면 유난히 난쟁이 튤립이 많이 피는 것은 화분의 열이 구근에 전달이 되면서 싹을 낼 시기에 개화 온도에 준하는 환경을 만들고, 이것이 추식구근의 조기 개화를 유도하기 때문이다.

또한 대부분의 토분은 물을 흡수하는 능력이 매우 좋기 때문에 추식구근의 뿌리를 자꾸 말리면서 생장을 지연시키기도 한다. 실제로 여러 종류의 화분에 같은 품종의 추식구근을 심어 비교한 결과, 토분의 경우는 물을 다른 화분에 비해 자주 주었음에도 불구하고 식물의 신장이 작고 꽃의 개수가 부족하며 일찍 시드는 결과가 나타났다. 추식구근은 외떡잎식물이고, 이들 수염뿌리는 일년생 뿌리이기 때문에 뿌리의 목질화가 많이 되진 않는다. 따라서 물 마름에 취약할 수밖에 없으므로, 화분의 물을 말리는 것이 식물의 생장에 결코 좋지 않다. 그런 측면에서 물이 자주 말라 효과적인 물 관리가 어려운 토분은 일반 가드너에겐 까다로운 화분이다.

또한 화분이 잘 부서지고 깨진다는 단점도 있다. 토분은 상대적으로 낮은 온도에서 구워지기 때문에 흙을 이루고 있는 각 성분들이 완전히 녹지 않는 경우가 많다. 각 광물과 결정이 고온에 녹으며 액상화되어 결합하면 그 사이에 빈틈이 없어지며 물과 공기의 이동을 완전히 막게 되는데(ex. 유리), 토분의 경우엔 일부 광물이 녹지 않고 원래의 형태를 유지하기 때문에 그로 인한 물리적 빈 공간-빈틈이 생기면서 그 사이로 수분과 공기의 이동이 가능해진다. 이로 인해 평상시엔 화분 속 흙이 빨리 마르고 통기성이 좋아져서 과습 예방에 도움이 되지만, 겨울에는 이 점 때문에 내구성에 문제가 생긴다.

토분이 흙의 물을 흡수한 상태에서 갑자기 기온이 영하 이하로 떨어지면 토분 안에 있던 수분이 얼음이 되면서 부피가 팽창하게 된다. 이 팽창한 각각의 얼음은 토분에 압력을 가하고, 이런 압력이 반복되면 토분의 흙 결정 간의 결합을 깨뜨려서 화분이 부서지거나 깨지는 원인을 제공한다.

물론 숙련된 가드너들은 이런 단점들을 감안하고 보완하며 튤립을 키운다. 물 마름이 상대적으로 덜한 토분을 사용한다거나, 아니면 아예 큰 사이즈의 화분에 심어 토분이 물을 흡수하는 표면적을 최대한 줄인다거나, 토분을 영하 이하의 기온에 노출시키지 않는 식이다. 그리고 이 경우에도 토분에 직접 햇빛이 닿지 않게 하여 화분

속 흙의 온도가 올라가지 않게 함은 물론이다. (당연하지만, 식물등도 당연히 피해야 한다.)

이런 식의 단점을 보완하여 사용하면 토분에서도 예쁜 튤립을 키울 수 있으니, 이제 선택은 여러분의 몫이다.

두 번째로 도자기 화분을 알아보면, 이 도자기 화분은 토분과 성질이 정반대라고 할 수 있다. 화분에 물을 주면 그 물을 흡수하지 않고, 빛을 받으면 그 열을 내부의 흙에 전달하지도 않는다. 같은 흙으로 빚어졌지만 다른 차이가 나는 이유는 표면에 덧씌인 유약 때문이다. 유약은 규산염의 혼합물로 고온에 구우면 녹아서 유리가 된다. 유약 처리는 말 그대로 도기 위에 얇은 유리막을 코팅하는 작업이다. 유리는 열전도율이 낮기 때문에 똑같은 빛 에너지를 받아도 온도가 천천히 오르게 된다.

지속적으로 열을 가한다면 오히려 천천히 오른 열이 천천히 식어 화분 전체의 온도를 올리는 단점이 되겠지만, 봄철의 온도는 급히 올랐다가 급히 떨어진다. 때문에 유리로 인해 온도가 오를 쯤엔 저녁이 되어 버리고, 전체적인 온도가 하강함에 따라 흙의 온도도 휴면기에 도달하지 않고 다시 식게 된다.

토분과는 달리 물을 잘 머금고 있고 열을 전달하지 않으면서 되려 차갑기 때문에, 추식구근을 심었을 때 가장 좋은 컨디션으로 꽃이 피는 화분이긴 하나, 단점이라면 화분이 무겁고 깨지기가 쉽다. 또 도기 특성상 성형의 어려움이 있다. 특히 물이 빠지는 배수구 쪽의 통풍이 잘 안 되는 형태로 빚어지기 쉽기 때문에, 받침대가 공중에 띄워져 있고 물받이가 따로 있는 화분 받침에 놓아야 그나마 단점을 상쇄하며 키울 수 있다.

다행이라면 요즘 우리나라에서 가드닝 열풍이 불면서 수제 토분을 만드는 도예가들이 늘어났고, 가드너의 피드백을 반영하여 바닥에 굽을 높이 내는 토분과 도자기분이 늘어났다. 그러니 그릇을 잘 안 깨는 침착한 성정을 가진 가드너라면 추식구근을 심을 화분으로 도자기분을 강력하게 고려해 볼만 하다.

마지막으로 다뤄볼 것은 플라스틱 화분이다. 이 화분의 유일한 단점은 환경에 썩 좋지 않은 재료를 사용해서 만들었다는 것이다.

히아신스 시티오브 할렘(city of haarlem)은 만생종이기 때문에 실내 환경에선 특히 키우기 어렵다. 같이 심은 7개 구근 중 도자기 화분에 심은 구근만 예쁘게, 오래 피었다.

그 외에는 참 많은 것이 장점으로 작용한다.

먼저 가볍다. 그러다 보니 흙을 많이 담아도 무게가 썩 괜찮다. 식물은 한 번 심고 나면 그 자리에서 쭉 키우는 게 아니라 여러 이유에 의해 여러 번 자리를 고쳐 주게 된다. 이때 화분이 가벼우면 보다 손이 자주 가게 되므로, 관리의 용이성이 식물의 좋은 컨디션으로 이어지는 경우가 많다. 추식구근도 마찬가지다. 특별한 이유가 없다면 화분을 가볍게 가져가는 쪽이 추후에 꽃이 피어 자리를 옮겨 줄 때에도 도움이 된다.

또 다른 플라스틱 화분의 장점은 가격이 저렴하다는 것이다. 튼튼하면서도 저렴하기 때문에 오래오래 쓸 수 있다.

단열성 역시 추식구근에 있어서는 빼 놓을 수 없는 장점이다. 단열의 중요성은 앞서 설명하였으니 넘어가고, 마지막으로 플라스틱의 큰 장점은 성형의 자유로움을 들 수 있겠다.

실내에서 키우는 다른 식물도 그렇지만, 과습과 흙의 통기성은 실내 가드너의 숙제이다. 그런데 플라스틱 화분은 화분을 자유롭게 만들 수 있기 때문에 만드는 사람의 의지에 따라 다양한 형태로 빚어질 수 있다. 바닥면이 의자 다리처럼 높게 솟아 있을 수도 있고, 옆면에 길다랗게 트임을 낼 수도 있다. 만약 구입한 화분의 배수망이 마음에 안 든다면 쇠꼬챙이(보통 쇠젓가락)를 불에 달궈 원하는 곳에 구멍을 뚫을 수도 있다.

이렇게 성형이 자유롭기 때문에 가드너의 취향에 맞게 배수 구멍을 만들 수 있고, 때문에 과습을 예방하며 식물을 식재하기에 용이하다.

추식구근은 흙이 마르면 안 되는 식물이긴 하지만 그렇다고 과습에 강한 식물은 아니다. 오히려 목질화되지 않은 반투막의 하얀 뿌리는 과습 상황에서 쉽게 물러 죽을 수 있다. 그러니 처음부터 과습에 강하게 흙을 세팅해 놓는다면 식물을 보다 수월하게 키울 수 있을 것이다.

언제나 그렇듯, 선택은 자신의 몫이다. 가드닝에 100% 정답은 없다. 남들 쓰기에 좋다는 화분도 나의 환경이나 습관과 상성이 맞지 않으면 식물을 죽일 수 있다. 그러니 각자의 성향, 취향, 햇빛의 정도, 일조 시간, 습도, 통풍, 지갑의 사정까지 고려하여 최선의 화분을 고르고, 최대한 단점을 보완해 가며 사용하길 추천드려 본다.

화분의 크기

화분의 크기는 구근의 크기와 식재 깊이에 따라 달라질 수 있다. 물론 대부분의 추식구근은 꽃 피우는 데 필요한 양분을 구근에 가지고 있기 때문에, 많은 흙(＝양분)이 없어도 개화에 문제가 없다. 그러나 추식구근은 실내에 심었을 때 노지에서 보던 것과 다르게 잎과 줄기, 꽃 등의 전체 신장이 훨씬 더 길어지기 때문에, 너무 작은 화분에 심는다면 무게 중심이 맞지 않아 꽃이 쓰러지는 일이 발생할 수 있다.

간혹 꽃시장에서 파는 튤립과 수선화 모종을 보고, 저렇게 작은 포트에서도 자라니까 나도 저런 곳에 심어야겠다 생각을 할 수도 있는데, 그 모종들은 하우스에서 많은 빛을 보고 자라서 키가 작은 것이니, 오해하지 않도록 하자.

화분은 식물 전체 신장까지 포함하여 1/3에서 2/5 정도의 높이가 좋다. 흙 위로 나온 식물의 키가 20cm라면 화분은 10 m나 13cm 정도면 보기에 좋다는 뜻이다.

품종 간의 차이는 있지만 중대형 알리움과 튤립, 중대형 수선화는 높이 28cm 이상의 화분에 심는 것이 좋다. 히아신스는 구근은 크지만 신장이 작은 편이고 무게 중심도 상대적으로 낮아서, 작은 화분에 심어도 괜찮다. 그러나 빛이 부족한 경우 상당히 웃자랄 수 있기 때문에 적어도 15cm 이상의 화분에 심도록 하자.

크고 깊은 화분에 심으면 뿌리를 깊고 멀리 뻗기 때문에 양분의 공급 면에서는 이점이 있지만, 하나의 구근에서 나오는 뿌리의 양은 정해져 있다. 뿌리가 감당할 수 없을 만큼 흙이 많다면 과습의 우려도 있다는 점을 고려하자.

개인적으로는 크고 깊은 화분에 구근을 심을 때는 다른 구근도 여러 개 심어서 과습의 위험을 낮추는 편이다. 그러나 이것도 뿌리 내리기에 좋은 계절인 가을에 식재할 때의 일이고, 겨울이나 봄에는 뿌리 발달이 충분히 되지 않기 때문에, 크고 깊은 화분에 심었다가 과습으로 구근이 썩는 일이 곧잘 발생한다. 구근을 늦게 구했거나 부득이하게 늦게 심게 되었다면 화분이 너무 깊지 않게 주의하고,

식재 후 한동안은 어둡고 서늘한 곳에 두어 뿌리가 최대한 길게 나올 수 있도록 유도해 주자.

추식구근의 종류에 따라서는 화분을 바꿔 가며 점점 큰 화분으로 옮겨 심는 경우도 있다. 물 불림 과정에서 구근이 녹기 쉬운 아네모네와 라넌큘러스는 3×3 사이즈의 미니 포트에 구근을 1차 식재한 후 뿌리가 충분히 나면 큰 사이즈의 화분에 합식하여 다시 키우는 경우도 있다.

이런 합식은 뿌리 성장기인 가을에 작업을 끝내야 새 화분에서의 활착이 잘되니, 만약 화분을 옮길 계획이 있다면 뿌리가 나는 가을에 작업을 끝내도록 하고, 미관상의 이유로 꽃봉오리가 올라오고 난 후에 합식을 하고자 한다면, 뿌리의 규모에 맞게 적은 양의 흙을 추가해서 분갈이 하도록 주의하자. 꽃이 올라오고 나면 이제 뿌리는 더 이상 새로 나오지 않으니, 기존의 뿌리의 양에 맞게 심어야 과습으로 식물이 죽지 않을 것이다.

식재 깊이

일반적으로 구근이나 씨앗의 식재 깊이는 본인 크기의 2배이다. 추식구근도 마찬가지라서 2배 깊이로 심어 준다면 아주 무난하게 키울 수 있다.

그러나 실내 가드닝 환경의 특성상 너무 큰 화분은 사용하기 어렵기 때문에 보통 구근 심기에 빠듯한 깊이의 화분을 사용하는 경우가 많다. 그래서 정석대로 2배 깊이로 심었다간 화분 안에 뿌리를 뻗을 공간이 턱없이 부족한 경우도 생기곤 한다.

만약 사용할 수 있는 화분이 작은 사이즈밖에 없다면 구근을 돌출되게 심는 편이 낫다. 구근이 돌출되면 돌출된 부분에 곰팡이가 필 가능성이 있고, 나중에 꽃봉오리가 올라온 다음, 꽃과 줄기의 무게 때문에 구근이 들리면서 뿌리째 뽑히는 일이 발생할 수도 있다. 그럼에도 수분과 양분을 원활히 흡수하는 쪽이 그러지 않은 편보다 낫다.

튤립이나 히아신스 같은 일부 추식구근은 구근 안에 그해에 꽃을 피우는 데 필요한 양분을 저장해 놓고 있지만, 그렇다고 해서 외부에서 영양분을 아예 흡수하지 않는 것도 아니다. 실제로 똑같은 크기의 구근을 하나는 수경 재배, 하나는 화분에 심어 키워 보면 양분이 아예 없던 수경 재배보다 흙에 심은 쪽이 더 크고 건강한 꽃을 피우는 것을 발견할 수 있다.

특히나 구근의 크기가 작아서 겨우 개화구를 면한 구근 같은 경우에는, 수경 재배로 키우다가 곰팡이나 해충의 피해 등의 이유로 구근 손실이 발생해서 정상적으로 꽃을 피우지 못하고 꽃이 말라 버리는 블라스팅 현상이 발생하기도 한다.

또, 화이트 밸리white valley나 바이킹viking처럼 여러 개의 꽃잎이 나오는 겹튤립도 탄수화물의 양에 따라 꽃잎의 개수가 달라지니, 각기 다른 사이즈의 화분에 심어야 한다면 가장 큰 화분에 이들 품종의 추식구근을 우선적으로 심어야 한다.

참고로 식물에게 영양분이 부족하면 비료와 같은 영양제를 주어 보충할 수 있다고 생각하는 사람들이 많다. 그러나 영양제로 보충할 수 있는 영양분에는 한계가 있다.

반투막으로 되어 있는 식물의 뿌리는 물에 녹아 이온화된 물질만을 흡수할 수 있다. 질소나 인산, 칼륨과 마그네슘 같은 영양분은 물에 녹아 이온화가 되기 때문에 뿌리로 흡수할 수 있지만, 탄소는 이온화가 되지 않기 때문에 뿌리로 흡수할 수가 없다. 따라서 C, H, O로 이루어진 탄수화물은 필연적으로 이산화탄소의 흡수를 통해서만 만들어질 수밖에 없는데, 식물체에서 가장 많은 이산화탄소를 흡수하는 과정은 광합성이다. 아무리 많은 영양제를 주어도 햇빛을 보여주지 않으면 식물이 잘 자라지 못하는 이유는 이 때문이다.

그러니 추식구근 심을 때는 최대한 많은 흙에 뿌리를 뻗을 수 있게 돕되, 햇빛의 중요성을 간과하지 않도록 하자.

식재 간격

실내 가드닝에서 15cm 간격으로 구근을 심어 줄 실익은 크지 않다. 구근 비대를 염두에 두고 각각 멀리 띄어서 심어 봤자 생각만큼 구근 비대가 되지 않기 때문이다. 식재 간격을 넓힌 실익이 있으려면 식재 깊이도 그에 따라 깊어져야 한다.

튤립이나 수선화, 알리움처럼 대형 추식구근은 일반적으로 10cm

간격으로 심는다(구근 중앙끼리의 간격). 구근 옆에 바로 구근을 심는, 이른바 밀식도 가능하기는 하지만, 노지와 달리 실내에서는 튤립의 줄기와 꽃대가 강인하지 않다. 때문에 임프레션Impression 튤립처럼 잎도 크고 넓은 튤립의 경우엔 밀식을 했다가 튤립들이 서로 밀쳐 쓰러지는 일이 발생할 수 있다. 따라서 밀식을 할 때에는 잎이 좁고, 짧고 작은 튤립으로 해야 끝까지 아름다움을 유지할 수 있을 것이다. 졸업식이나 입학식에 쓸 꽃처럼 중간에 잘라 버릴 경우엔 밀식해도 상관없다.

쉴라, 치오노독사, 크로커스, 무스카리, 갈란투스, 스노우드롭처럼 키가 작은 추식구근의 경우에는 잎이 좁고 길기 때문에 다닥다닥 붙여서 심어도 괜찮다. 오히려 넓게 떨어뜨려 심는 것보다 모아 피는 편이 보기에도 훨씬 더 좋다. 아네모네와 라넌큘러스도 모아 심는 것이 멀리 떨어뜨려 심는 것보다 실익이 크다. 화분의 흙 장악력 문제 때문이다. 이들 구근은 유난히 뿌리파리 유충에 취약하다. 다른 추식구근에 비해 맹렬히 뿌리를 뻗지 못하기 때문에 화분의 흙 장악력이 떨어져서이다. 게다가 이들 구근은 다른 추식구근과 달리

작은 추식구근은 밀식해서 심어야 서로 의지하며 하늘을 향해 핀다.
치오노독사 알바(alba), 사르덴시스(sardensis).

가을과 겨울에도 해를 잘 보는 따뜻한 곳에 두고 키우기 때문에 추운 온도를 싫어하는 뿌리파리가 가장 좋아하는 환경이 되기 십상이다. 이렇기 때문에 띄엄띄엄 심어서 물 말림을 느리게 하는 것보다는, 좁게 심어 화분의 물을 빨리빨리 회전시키는 편이 해충 피해를 막고 식물을 빨리 키우는 데 도움이 된다.

물 주기와
온도 조절

흙에 구근을 심고 나서 물을 주는 것은 시기에 따라 조금 달라질 수 있다.

크로커스나 무스카리, 히아신스와 프리지아처럼 일찍 뿌리를 내리는 식물들은 8월 말에서 9월 초에 심어 물을 흠뻑 주어도 괜찮지만, 튤립, 특히나 늦게 꽃을 피우는 만생종의 튤립을 같은 시기에 심어 놓고 물을 흠뻑 주면 뿌리가 나오기 전에 구근이 물러 썩어 버릴 수 있다.

모든 구근들을 권장 식재 시기에 심으면 좋겠지만, 구근 수입은 여러 가지 변수가 있기 때문에 시기가 항상 알맞게 떨어지지는 않는다. 우리의 구근 구매 시기가 타이밍에 맞지 않을 수도 있다. 그렇기 때문에 시기적 특성에 맞게, 구근 특성에 맞게 물을 줄 필요가 있다.

무스카리, 프리지아, 아네모네, 라넌큘러스, 쉴라, 치오노독사, 크로커스, 히아신스, 수선화, 알리움, 갈란투스는 밤 온도가 20도 이하로 떨어질 때는 식재 후 물을 흠뻑 주어도 좋다. 다만 식재일 이후 밤 온도가 일주일 넘게 20도 이상을 넘는다면 통풍과 환기에 특별히 신경 써야 하고, 화분을 직광이 비치지 않는 곳에 두는 것이 안전하다. 밤 온도가 15도 이하로 떨어지면 그때부턴 구근 관리가 편해진다. 창문을 여는 것을 잊었다거나 햇빛을 보여 주었더라도 구근에게 문제될 일이 거의 없다.

식재 후 흠뻑 준 물은 보통 한 달 정도는 마르지 않는다. 물을 먹고 뿌리를 뻗는 동안엔 구근이 많은 물을 소비하지 않으며, 이 시기엔 기온이 낮아 물 증발이 더디 이뤄지기 때문이다. 하지만 유난히 건조한 실내에서 키운다거나, 화분의 흙 양이 적다거나, 흙 구성이 성기어 물이 빨리 마르는 경우에는 한 달이 되기 전에 물이 마를 수도 있다. 이럴 때는 물을 바로 보충해 주어야 한다.

물론 추식구근은 흙에 물이 없어도 뿌리를 내고 유지할 수 있는 식물이기는 하다. 그러나 이것이 영구적으로 되는 것은 아니다. 반투막으로 된 식물의 뿌리는 유독 추위와 건조에 약하다. 막으로 된 우리의 망막과 입술 점막이 얼마나 추위와 건조에 약한지 생각해 보면 충분히 알 수 있다. 오래된 쌍떡잎식물의 경우엔 뿌리에 갈색의 두꺼운 껍질을 두르고 있어서 추위와 건조에도 마르지 않고 형태를 유지하지만, 갓 나온 추식구근의 새하얀 뿌리는 목질화가 되어 있지 않기 때문에 추위와 건조에 강하지 못하다. 물이 없는 얼마간은 구근 안에 있는 수분으로 버티겠지만, 그 기간이 지나면 뿌리가 말라 버리게 되고, 구근은 쪼그라들다가 종국에는 소멸한다. 따라서 구근에 비축된 양분과 수분을 소모하지 않으려면 화분의 흙이 완전히 마르지 않도록 항상 촉촉하게 해 주어야 한다.

튤립의 경우엔 밤 기온이 15도 이하로 쭉 떨어지는 시기에 심었을 때에만 물을 흠뻑 주고, 밤 온도가 12도 이하로 떨어지기 전까지는 통풍과 햇빛에 신경을 써야 한다.

모든 추식구근은 개화할 때까지 화분의 흙을 말리지 않도록 한다. 그러다가 꽃이 시들고 잎이 노랗게 변하기 시작하면 그 시점부터 물 주기를 중단해야 한다. 몇일에 한 번, 이런 식으로 정해진 것은 없다. 화분의 물이 마르는 시기는 우리가 선택한 흙, 화분, 환경에 따라서 달라지기 때문이다. 그냥 겉흙이 말랐을 때 화분의 흙을 조금 파 보아 속흙까지 말랐다면 물을 흠뻑 주는 것, 이것만이 정답이다.

주의할 점이 있다. 처음부터 구근을 화분에 심어 키운 경우엔 해당 구근의 뿌리가 화분 전체를 장악하기 때문에 두상관수든, 저면관수든, 물 주기 방법과 양에 상관없이 과습이 일어나지 않는다. 그러나 포트에 따로 키운 모종을 옮기는 경우에는 새 화분에 모종의 뿌리가 전체적으로 뻗어 있지 않기 때문에, 화분 속 흙이 마르기 전에 물을 자주 줄 경우 과습으로 이어질 수도 있다. 항상 화분 내 뿌리의 분포를 생각하며 물 주기를 하도록 하자.

키우는 장소

추식구근은 온도에 민감하다. 이중 튤립이나 크로커스는 특히나 온도에 더 민감하다. 노지의 경우엔 낮에 햇빛 받을 때 온도가 올라가더라도 오랫동안 냉기를 먹은 땅이 차갑기도 하거니와, 밤에 다시 온도가 떨어지기 때문에 빛이 잘 드는 곳, 따뜻한 곳에 심어 키워도 크게 무리가 없다. 하지만 실내의 경우엔 난방을 하거나 낮의 빛이 들어올 때 공간의 온도가 순식간에 휴면 온도를 훌쩍 넘기기 때문에, 공간의 온도를 잘 파악하여 적절한 곳에 두고 키울 수 있도록 해야 한다.

일단 가을 식재의 경우 자리 선정에 있어 통풍 여부가 가장 중요하다. 가을에는 온도가 일정하게 떨어지는 것이 아니라 내려갔다 올라갔다를 반복하며 점차적으로 하강하기 때문에, 가끔은 온도가 높아 뿌리내림을 방해하기도 한다. 아무리 온도가 낮더라도 밀폐된 공간에 구근을 두면 습도가 높아지며 구근이 썩는 일이 생기기 때문에, 건조한 바깥 공기가 수시로 들어오고 나갈 수 있도록 통풍이 잘되는 곳에 구근을 두는 것이 좋다.

통풍이 잘되는 조건이라면 기왕이면 빛이 좋은 것보다는 빛이 잘 안 드는 자리가 뿌리내림에 유리하다. 튤립이나 수선화, 히아신스처럼 가을 겨울에 싹이 안 나는 추식구근은 물론, 심자마자 바로 싹이 나는 무스카리, 프리지아, 크로커스, 라넌큘러스, 아네모네, 알리움도 뿌리를 내리는 동안은 어두운 것이 좋다.

구근을 늦게 구입하여 겨울이나 이른 봄에 심는 경우라면 자리 선정에 있어 최우선으로 고려할 부분은 온도와 빛 여부다. 이때엔 온도가 안 맞는 경우 뿌리가 내리지 않고 바로 싹이나 꽃이 피는 일이 발생할 수 있으므로, 개화 온도에 도달하지 않으면서 뿌리는 충분히 내릴 수 있도록 0~10도의 낮은 온도, 그리고 어두운 환경에서 키워 주는 것이 중요하다.

　　뿌리가 화분 밑을 비집고 나올 정도로 충분히 자랐다면 그 이후엔 각자의 취향과 목표에 맞게 식재 장소를 바꿀 수 있다.

　　조기에 빨리 키우고 싶다면 빛이 많고 따뜻한 곳이 좋다. 다만 낮과 밤의 평균 온도가 18도 이상을 넘지 않도록 해야 한다. 낮에 많이 따뜻하다면 커튼을 쳐서 빛을 막아 주거나, 창문을 열어 온도를 떨어트려 주면 된다. 추식구근을 처음 키운다면 시간대별로 수시로 온도를 확인하여 공간의 온도를 파악해야 한다.

　　절기에 맞게 봄에 꽃을 피우고 싶다면 바깥 온도에 비슷하게 맞춰 주며 키우는 것이 좋다. 베란다는 절충 공간이라 공간의 온도가 바깥 온도와 집 온도의 절반 정도에서 맞춰지지만 바깥 창의 단열력에 따라 온도가 달라지기도 하니, 수시로 바깥 온도와 집 온도의 차이를 확인하며 관리해 주어야 한다. 겨울이더라도 온도가 너무 높을 땐 외창을 열어 주고, 반대로 한파로 베란다의 온도가 너무 추울 땐 온풍기를 틀어 주도록 하자.

　　월동이 안 되는 일부 추식구근(비월동 수선화, 아네모네, 라넌큘러스, 프리지아, 익시아 등)을 제외하곤 대부분의 추식구근은 영하의 온도도 거뜬하게 버티지만, 앞서 서술한 것처럼 뿌리는 영하의 온도를 버티는 데 어려움이 있다. 화분에 심은 경우엔 사방이 냉기에 노출되기 때문에 뿌리 냉해를 막기 위해선 공간의 온도를 영상으로 관리하는 것이 좋다.

참고로 화분이 커지고 안에 들어가는 흙의 양이 많아질수록 추위에 대한 저항성이 높아진다. 큰 화분 위주로 식재한다면 경험상 영하 5도는 무난히 버티고, 영하 9도는 바람이 들어오는 자리는 피한다든가, 차가운 타일 바닥을 피한다든가 등의 조치를 해 주면 냉해를 겪지 않을 수 있다. 한파를 겪을 때 화분에 수분이 몇 퍼센트 있느냐에 따라 냉해 여부가 달라질 수도 있으니, 영하 이하의 온도에서 키우고자 한다면 보다 디테일하게 구근의 상태를 고려하고 공간의 특성에 맞게 자리를 골라 주길 바란다.

수경 재배의 경우엔 화분과 달리 상대적으로 식재 장소 선정에 있어 자유롭다. 똑같이 빛을 받아도 흙보단 물의 온도가 더 더디 오르고, 용기의 물이 더워졌다 싶으면 금방 찬물로 교체할 수 있기 때문이다. 추식구근은 일반적으로 베란다가 아닌 거실이나 방 같은 실내 재배가 권장되지 않지만, 물 관리의 편리성 때문에 수경 재배로는 실내에서도 키울 수가 있다.

다만 이 경우에도 물 온도가 평균 18도를 지속적으로 넘으면 꽃이 조기 개화하거나 썩는 일이 발생하므로, 가급적 빛이 안 드는 서늘한 곳에 두고, 온도가 높다면 수시로 찬물로 교체해 주는 것이 좋다. 수경 재배 용기에 무거운 돌 등을 넣고 그 사이사이 뿌리가 파고든 경우에는 물을 교체해 주는 것이 쉽지 않다. 이 경우엔 뿌리를 전부 빼고 물을 교체하기보단, 그 상태로 찬물을 계속 부어 더운 물을 희석시키면서 빼낸 뒤, 마지막으로 살짝 기울여 넘치는 물을 빼 주거나 스포이드나 키친타올 등을 이용하여 물을 줄여 주는 것이 좋다.

10년 뒤에도 추식구근을 심을 수 있을까?

미나리아재비과의 아네모네나 라넌큘러스 같은 식물을 제외하면 대부분의 추식구근은 백합과의 외떡잎식물이다. 쌍떡잎식물과 외떡잎식물은 그 구조의 차이에 따라 생존 방식과 종족 보존, 양분의 저장 방식이 크게 다르다. 그런 점을 염두에 두고 우리가 키우는 외떡잎식물의 진화 과정과 종족 번식 방법을 유추해 보면 재밌는 발견을 많이 할 수 있다.

일반적인 외떡잎식물들은 열매에 많은 탄수화물을 저장하는 방법을 택한다. 대표적인 것이 밀과 쌀 같은 곡류이다. 이들은 다량의 탄수화물을 저장하기 위해 일시에 많은 꽃을 피운다. 동시다발적으로 핀 꽃들은 벌과 나비 같은 곤충의 도움을 받아서 일일이 수정하기가 어렵다. 그래서 이들 식물은 꽃과 크기와 향기, 꿀에 쓸 양분을 아끼는 대신 엄청나게 많은 꽃가루를 만들었고, 바람이 흩날릴 때마다 꽃가루를 휘날려 근처에 있는 동종의 식물들이 수정이 되

도록 진화해 왔다.

독자적으로 많은 번식을 순식간에 할 수 있는 장점으로 인해 일부 종은 잡초 취급을 받을 지경이 되었지만, 어쨌든 종족 번식에 이만한 장점은 없기에 외떡잎식물의 대부분이 이런 방식의 번식 방법을 택하고 있다.

다만 이런 번식 방법의 치명적인 약점이 있다. 꽃가루가 펼쳐지는 개화기 때 강한 바람이 불어 꽃가루가 순식간에 쓸려 나가면 밑알이 수정되지 못하고 쭉정이만 남는다는 것이다.

조선 시대, 벼꽃 필 때 태풍 오면 3년은 굶주린다는 말이 있었던 까닭도, 벼꽃이 필 초여름에 강한 바람이 불면 대부분의 밑알이 수정되지 못했기 때문이다. 가을에 수확을 하지 못하고 국가에서 비축해 둔 쌀의 상당 부분을 다음 해에 뿌릴 씨앗으로 남겨 둬야 하기에, 예비분을 빼고도 백성들이 밥을 풍족하게 먹기까지는 몇 해가 소요되었다.

이런 점을 생각해 보면 탄수화물 위주의 씨앗을 다량 만드는 것이 종족 보존에 만능이 아니라는 것을 알게 된다.

튤립과 수선화, 마늘, 양파 같은 추식구근은 백합과의 외떡잎식물이다. 이들은 기본적으로 구근 생성을 통한 번식을 해 왔다. 구근은 엄밀히 말하면 뿌리가 아니다. 뿌리와 가까운, 가장 땅속 깊은 곳에 있는 줄기의 일부이다.

구근을 통해 번식을 하면 날씨나 꽃이 필 때의 기상 상황, 꽃의 수정 여부와 상관없이 안정적으로 종족을 보존하고 번식할 수 있다. 대신 모구의 유전적 특질이 그대로 계승되기에 교잡을 통한 돌연변이나 우성 유전자 개량은 자연적으로 이뤄지기 힘들다. 이런 점에서 17세기 네덜란드의 튤립 파동을 식물의 관점에서 보면, 튤립 구근의 가격 하락은 예정이 된 일이었다. 희소성으로 인해 품귀 현상을 일으킨 튤립들은 잎과 꽃에 색 변형을 일으키는 브레이킹 바이러스breaking virus에 감염된 것이었다. 바이러스에 감염된 모구의 특징은 자구에도 고스란히 전해지기 때문에, 해를 거듭할수록 구근은 점차 작아지고 종국엔 없어진다. 비싼 값에 구입한 구근이 재생산이 안 되고 오히려 작아지다가 사라진다는 것을 알고도 그 구근을 비싼 값에 구입할 사람은 없다. 그렇기에 무지에 뛰어든 뜨내기들에게 물량을 떠넘기고 나면 언제든 가격이 폭락할 것이 당연한 상황이었다.

이처럼 구근을 통한 번식 방법은 병해에 약하다는 단점이 있다. 자연적으로 그냥 두었다면 개체수가 점점 줄어들어 도태되었을지도 모른다.

그런데 그런 추식구근의 구세주가 있으니 바로 인간이다. 인간은 추식구근의 아름다움이나(수선화, 튤립) 효용(마늘, 양파)에 매료되어 이들 품종을 지켜내기 위해 병리를 연구하여 약제를 발명하고, 개체수 증가를 위한 수고를 아끼지 않았다.

그래서일까, 대부분의 꽃들을 보면 이 꽃을 만들어 낸 자연과 신에게 감사하게 되는데, 추식구근을 보고 있으면 이 구근을 개량하고 지켜낸 과학자들과 키워 낸 농민, 우리에게 전달해 주는 유통업자들에게 감사하게 된다. 주변에 추식구근을 자꾸 선물하고, 홍보하는 이유도 이 때문이다. 자연적으로는 도태될 수밖에 없는 이 식물을 오래도록 보려면 이 산업이 유지되어야 하고, 그러기 위해선 이 구근을 소비하는 우리 최종 소비자의 역할도 중요하기 때문이다.

안타깝게도 지구 온난화는 추식구근의 주 생산국인 북부 유럽을 찜통으로,

때로는 얼음골로 만들어 버린다. 최근 몇년간 구근 가격은 상승하고 품질은 떨어졌다. 그나마 아직은 시장에서 구근을 구입하여 심을 수는 있다. 하지만 10년 뒤에도 추식구근을 심어 키울 수 있을까?

온 세상 어린이들이 꽃을 그리라고 하면 튤립의 모습을 그릴 정도로, 튤립은 꽃을 대표하는 식물이다. 하지만 언젠가는 용이나 유니콘처럼 상상의 모습으로만 그려야 하는 식물이 되어 버릴 수도 있다. 그날이 오지 않으면 좋겠지만 지금의 지구는 한 치 앞도 예상할 수 없다.

그러니, 각자 처한 상황이 어찌하든 간에 추식구근을 키워 보고 싶은 마음이 있다면 다음으로 미루지 말고 지금 당장 실천으로 옮기길 바란다. 앗, 그리고 중요한 이야기를 하나 빠뜨렸다.

구근을 심어 키우는 데 시간과 노력이 많이 드니, 그냥 봄에 꽃시장에서 모종으로 사서 꽃을 보겠다는 사람도 있는데, 이렇게 하면 예쁘고 귀한 품종은 절대 만날 수 없다.

구근을 수입하는 종묘사 입장에선 구근을 빨리 처분할수록 이득이다. 구근의 보관에 비용과 시간이 들기 때문이다. 그래서 구근을 여러 루트로 빠르게 처분하고 가급적이면 봄철까진 구근을 보유하지 않으려고 한다. 그렇기 때문에 구근 수입 수량은 보수적으로 책정된다. 인기 품종의 경우엔 수요에 비해 공급이 턱없이 모자라기도 하다.

그래서 구근이 수입되는 가을이 되면 종묘사 사이트에서 오픈런이 일어나고, 인기있는 품종들은 금방 품절되어 없어진다. 이들 품종은 절화 농가에도 공급되기 때문에 절화로는 만나 볼 수 있지만, 구근으론 이미 다 팔렸기 때문에

앵무새를 닮은 패럿(apricot parrot) 튤립(위)과 꽃잎 가장 자리만 붉게 물든 허그 앤 키스(Hug & kisses) 튤립(아래).
인기 품종은 구근으로도 조기에 품절된다. 예쁘고 희귀한 품종을 모종으로 사서 키울 수 없는 이유다.

봄철 모종으로는 절대 만날 수 없다. 수천 개의 품종 중 수백 개가 수입되는데, 봄에 꽃시장을 가면 늘 보던 몇 개의 품종만이 보이는 것도 이 때문이다.

팔리고 남은 구근만이 2월에 포트에 식재되어 3월에 모종으로 판매된다. 종묘사 입장에선 모종으로 판매하는 것보다 구근으로 판매하는 것이 비용과 시간적 측면에서 이익이니, 이 추세가 바뀔 가능성은 전혀 없다.

그러니, 마음을 사로잡은 품종이 있다면, 혹은 흔히 못 보는 예쁘고 귀한 품종의 추식구근을 키우고 싶다면, 꼭 가을부터 구근을 마련하여 키우길 권장한다.

Part4
겨울,
꽃을 기다리는 시간

가을에 정성들여 구근을 심어 놓고 나면 겨울에는 특별히 할 일이 없다. 이 시기에 추식구근은 뿌리를 더 깊은 땅속으로 그러모아 뻗는다. 얼핏 보면 추위를 견디는 것 외에는 하는 것이 없어 보이기도 한다. 얼음, 하고 굳어 버린 추식구근을 보며 이 시간이 쓸모 없고 아깝다고 생각할 수도 있다.

그러나 모든 생명체가 그러하듯, 시련 속에 가만히 웅크리고 있는 시간에 가장 중요한 변화가 일어난다. 폭발적 성장을 위한 에너지는 이 인내의 시간으로부터 나오기 때문이다.

이론적으로 보면 저온 처리 기간에 그렇게 추운 냉기는 필요치 않다. 종자를 키워 내는 네덜란드조차도 한겨울의 온도가 영상을 웃돈다. 그래서 영상 10도 이하에서 짧게는 4주, 길게는 12주를 견디면 모든 추식구근은 약속한 꽃을 피워 낸다.

그러나 그 면면을 들여다보면 겨울에 어떤 환경에 있었는가에 따라 꽃의 모습이 달라진다. 평탄한 환경에 놓인 구근은 크고 풍성하고 연한 색감에 옅은 향의 꽃을 피워 내지만, 곡절이 많은 환경에 놓였던 추식구근은 더 작고 단단한, 하지만 화려하고 강렬한 꽃을 피워 낸다.

그러니 겨울의 이 지루한 시간을 너무 아깝게 생각하지 않길 바란다. 당신에게 이런 세월이 있었다면 그 시간을 추억하며 견뎌도 좋고, 운 좋게 이런 기다림의 시간이 없었다면 이번 기회에 경험해 보아도 좋다.

조금 이른 개화를 위한
겨울철 환경 만들기

개인적으로 주어진 환경을 조작하고 컨트롤하여 원하는 컨디션의
꽃을 만들어 내는 작업을 선호하지는 않는다. 그래도 만약 특수한
사정 때문에, 혹은 마음이 강렬하게 원하기 때문에 특정한 시간에
특정한 컨디션의 꽃을 얻고자 한다면, 각 추식구근의 특성에 맞게
온도와 통풍 관리를 해 주어 속성으로 꽃을 키워 낼 수도 있다. 반대
로 집은 너무 따뜻하지만 꼭 봄날에 꽃을 봐야겠다 한다면, 날이 좋
은 겨울날마다 창문을 열고 닫아 공간을 더 차갑게 만들어 늦게 꽃
을 볼 수도 있다.

　나 또한 아이 졸업식에 맞춰 꽃을 일찍 키워 본 적이 있다. 고온으
로 인해 꽃의 모양이 조금 매끄럽진 않았지만, 그래도 좋은 경험이
었다.

　아무래도 겨울과 초봄에 졸업식이나 입학식 같은 이벤트가 몰려

꽃이 필요해 3개만 수경 재배로 일찍 키워 보았다.
절기를 앞서 피울 땐 온도 관리가 어렵다.
이럴 땐 흙보다 물이 온도 조절이 쉽다.
/ 튤립 일드 프랑스(ile de france).

직접 키워 만든 아이의 어린이집 졸업 꽃다발.
/ 튤립 갠더스 랩소디(gander's rhapsody).

있다 보니, 한국에선 절화로써의 추식구근 수요가 많다. 꽃집에서 솜씨 좋은 사장님이 만들어 준 크고 풍성한 꽃다발도 좋지만, 기왕이면 직접 키운 꽃으로 축하해 준다면 그 의미가 짙어질 것이다.

유튜브를 운영하면서 이벤트를 위해 추식구근을 조기 개화시키는 분들을 여럿 보았다. 그때마다 댓글과 메일로 같이 오종종거리며 꽃의 개화를 도왔다.

성공한 분도 있었지만 실패한 분들도 있었다. 그때마다 아쉽고 안타까웠지만, 슬프진 않았다. 기념일 날 건네줄 꽃다발이 없다고 해서 그날을 준비한 마음과 노고가 없어지는 것은 아니기 때문이다. 내가 들인 수고를 알아 주는 사람이 있고, 그 수고를 기꺼이 들일 사람이 나에게 있는 것 자체가 성공한 인생이다. 한 구독자 분은 오랫동안 음악을 한 아들의 첫 방송 출연을 축하해 주기 위해 튤립을 키웠다. 애타는 마음으로 멀리서 같이 응원했는데, 준비 기간이 너무 촉박했던 까닭에 안타깝게도 그 날짜에 맞춰 꽃을 피워 내진 못했다. 그분의 허무함과 허탈감은 이루 말할 수 없었을 것이다.

비관적으로 생각하면 제 날짜에 피지 못한 튤립에 아들의 운명을 투영할 수도 있었다. 그러나 나는 그분이 그러지 않았으면 했다.

인생이란 게 기회가 왔을 때 내가 준비가 덜 된 까닭에 그 기회를 잡지 못할 수도 있다. 그럴 땐 앞으론 그런 일이 생기지 않도록 더 노력하자고 마음을 먹으면 된다. 물론 나의 덜 익은 모습을 나의 전부라고 생각하는 사람들의 시선에 속상할 수도 있다. 요즘은 익명의 피드백이 넘치는 시대라 지나친 솔직함들이 애써 일어나려는 사람을 다시 주저앉히기도 한다. 하지만, 누구보다 나의 노력을 가까이에서 본 사람이 너는 충분히 최선을 다했다고, 이만큼의 모습도 대견하다고, 앞으로 더 멋진 모습을 보여 줄 날이 올 거라고 말해 준다면 그 속상함은 금방 떨쳐 낼 수 있지 않을까.

그 구독자님의 튤립도 꽃이 무르고 말라 버린 게 아니었다. 단지, 그 날짜에 맞춰 색이 물들고 개화하지 못했을 뿐. 그분이 정성스레 키운 튤립은 그날 만인 앞에 활짝 핀 모습을 보여 주진 못했지만, 며칠이 더 지나 가족들 앞에선 아름답게 활짝 핀 모습을 틀림없이 보여 줬을 테다. 그러니 아직 덜 피었을 뿐인 그 꽃을 후회하지 않길 바랐다.

다행히 그분은 아쉬운 그 마음을 금방 털어 내셨다. 마음을 추스른 그분의 댓글은 나만 감동시킨 게 아니었나 보다. 그분이 내 채널에 가장 많은 댓글을 단 분은 아니었지만, 내 채널에서 가장 많은 '좋아요'를 받은 사람이 되었다. 많은 분들이 그분을 응원하고 위로했다는 증거이다.

그러니 겨울의 시간을 너무 미워하진 않았으면 좋겠다. 지루하게 기다리든, 어설프게 앞당기든, 우리가 들인 노력과 마음만큼 분명하게 배우고 얻는 것이 있는 시기이니 말이다. 눈 딱 감고 잠깐 잊어 보는 것도 좋다. 우린 때때로 잊어버려야 할 것을 붙잡고 있어 힘들 때도 많으니, 오랜 기간 동안 의식적으로 잊어 보는 경험이 우리에게 약이 되는 날도 올 것이다.

자, 그렇다고 해서 겨울에 신경 쓸 일이 아예 없는 것은 아니다. 노지라면 신경을 아예 쓰지 않아도 상관 없겠지만, 실내 환경은 조금 다이내믹한 상황이 벌어질 수도 있기 때문이다.

다양한 생명체만큼 다양한 변수가 있어 오히려 안전한 노지와 달리, 별다른 벌레나 동물이 없는 단조로운 실내의 흙은 그래서 더 위험하다. 천적이 없는 실내 환경에서 혹시 모를 병해가 발생하여 구근이 순식간에 잘못될 수도 있다. 그러니 우리는 그것을 무심한 듯 세심하게 잘 지켜봐야 한다.

겨울철에
발생할 수 있는 문제들

지금부터는 겨울철에 발생할 수 있는 몇몇 사례를 가지고 이야기를 해 보려고 한다.

1. 싹이 안 나와요

   무스카리, 아네모네, 라넌큘러스, 프리지아, 알리움의 추식구근은 심은 후 싹이 바로 나오는 것이 정상이지만, 이를 제외한 튤립, 수선화, 히아신스, 갈란투스 등은 싹이 바로 나오지 않는다.

   이들은 추운 겨울을 땅속에서 버티는 걸로 생존 전략을 짠 식물들이다. 이들 식물은 가을 겨울 내 최대한 따뜻하게 겨울을 나는 것이 목표이다. 그것을 실현하기 위해 이 추식구근들은 엄마 품속을 파고드는 어린아이처럼 뿌리를 최대한 깊은 땅속으로 뻗고, 그 뿌리의 힘으로 구근을 땅속 깊이 당긴다.

가을 밤의 온도가 뚝뚝 떨어질 때마다 흙 속의 뿌리는 더욱 깊어진다. 그렇게 뻗은 뿌리가 자리를 잡고 나면(화분의 모든 경계까지 뿌리를 뻗고 나면) 모든 추식구근은 조심스레 아주 작은 싹을 살짝 내민다. 마치 뿌리를 잘 뻗었으니 안심하고 기다리라고 말해 주는 듯하다. 노지의 경우 구근의 2.5배 깊이로 심어 보이지 않을 뿐, 추운 노지든, 따뜻한 실내든 추식구근은 저온의 시간을 충분히 가지고 나면 약 1cm 내외의 싹을 낸다.

그런데 이런 싹이 안 나오는 경우가 있다. 그때는 먼저 뿌리의 발달 여부를 확인해 봐야 한다. 뿌리가 벌레에 먹히진 않았는지, 아니면 병에 의해 물러 썩진 않았는지, 흙을 직접 파서 확인해야 한다. 그런데 만약 이런 문제가 없고, 뿌리가 수북히 났는데도 싹이 안 나온다면 십중팔구 싹이 구근 안에 갇힌 것이다.

추식구근이라는 같은 그룹으로 묶여 있기는 하지만 추식구근 하나하나의 생김새와 특징은 다 다르다. 구근 외피의 모습도 제각각이라 싹을 올리기 편한 구조도 있는가 하면, 까딱하면 싹이 안으로 파고들어 버리는 환장할 구조의 식물도 있다.

수선화의 뿌리 뻗기가 끝나고 싹이 조금 올라왔다. 저기서 더 자라지 않고 겨울을 난다.

추식구근 중에서는 튤립이 이런 문제가 잘 생기는 구조를 가지고 있다. 싹이 비집고 올라와야 할 외피 부분에 두껍게 각질이 생겼다거나, 목질화가 진행되었다거나 하면 그 두껍고 질기고 딱딱한 외피를 뚫지 못하고 여린 싹이 구근 안에 갇혀 버린다. 그러니 동일 품종 중 유독 한두 개만 싹이 안 올라왔다면 싹이 안에 갇혀 있지는 않는지 살펴보고, 그 싹이 밖으로 나올 수 있도록 물리적으로 도와야 한다.

간편하게는 손톱으로 막힌 부분을 북 뜯어 버릴 수도 있지만 이 경우 감염의 문제가 있을 수 있으니 소독한 칼을 통해 외피를 절개하여 그 안에서 싹을 꺼내도록 하자. 뜯어 내는 외피의 양은 적을수록 좋다. 비록 절개를 하더라도 절개면 세포만 손상될 뿐 나머지 부분의 세포는 멀쩡하게 남아 꽃의 개화와 자구 생성에 도움을 주기 때문이다. 아예 뜯어서 모구에서 분리하면 떼어져 나간 양분이 옮겨질 통로가 끊기게 된다. 그러니 구근의 외피를 떼어 내야 하는 상황이 발생하면 그 면적을 최소화하며 작업을 할 수 있도록 하자.

2. 싹이 노래져요

뿌리가 잘 뻗고 싹이 조금 나왔는데 그 싹이 노란색을 띤다면, 놀라기 전에 상황 파악부터 정확히 하도록 하자.

일단 기본적으로 식물의 잎은 광합성을 하지 않으면 색이 노랄 수 있다. 그러니, 싹이 빛을 쬐지 않아 연두색을 띈 노란색을 하고 있는지, 아니면 희끄무레한 색이 섞인 노란색인지 구분을 해야 한다. 전자라면 걱정할 게 없지만, 문제는 후자이다. 초록색으로 멀쩡하게 올라온 싹의 맨 끝이 노랗게 되었다면 이는 잎이 마르고 있다는 이야기로, 원활한 수분 공급이 되지 않고 있다는 뜻이기 때문이다.

이유는 다양할 수 있다. 뿌리응애나 뿌리파리 유충 등의 해충들이 구근을 파먹으면서 구근에서 뿌리를 물리적으로 분리시켰을 수도 있고, 흙 내 통기성이 나빠서 과습으로 뿌리가 녹았을 수도 있고, 유기질 거름을 주어 흙 속에서 거름이 숙성하는 과정에서 나온 가스로 인해 뿌리가 피해를 입었을 수도 있다. 또, 꼭 유기질 거름이 아니더라도 비료 같은 영양제를 주게 되면 흙의 농도가 상승하면서 삼투 현상에 의해 식물의 물이 뿌리 밖으로 빠져나와 식물이 말라 싹이 노래지기도 한다. 높은 온도도 싹이 노래지는 데 한몫을 한다. 온도가 급격히 상승하면 구근이 휴면 온도에 도달하면서 싹과 꽃을 피우는 것을 포기하기 때문에 싹이 노랗게 마른다. 특히나 구근을 늦게 심은 경우, 뿌리를 뻗기도 전에 높은 온도에 도달해 버리면, 빈약한 뿌리로 잎 성장과 개화에 대한 압박을 받으며 싹이 노랗게 변하기도 한다. 그 외에도 냉해로 인해 뿌리가 얼어 죽으면 그 영향으로 싹이 노래지기도 한다. 뿌리가 빠르게 날 때 흙 속에 제대로 파고들지 못하면서 뿌리와 흙 사이에 간극이 생기는 경우도 빈 공간에 면한 뿌리 부분이 말라버리기도 하니, 싹이 수분기가 빠져 얇아지면서 노랗게 변한다면 반드시 구근 밑, 뿌리의 상태를 살펴보길 바란다.

3. 싹이나 구근이 빨개요

히아신스를 키우는 분들은 물어보지 않는데, 유독 튤립을 키우는 분들이 많이 물어보는 질문이다. 아마 튤립은 모든 구근이 구입 시기에 하얀색을 띄고 있어 그런 것이 아닌가 싶다.

빨간색, 경우에 따라서는 자주색으로도 보이는 이 색은 주로 겨울에 나타나 봄에 사라진다. 주로 해가 비치는 곳에 둔 구근에서 나타나고, 빛이 가려지는 흙 밑으로는 색 발현이 안 되는 경우도 많다. 이런 붉은색은 겨울철 자외선을 막기 위해 만들어진 안티-UV 물질이다.

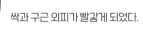

싹과 구근 외피가 빨갛게 되었다.

겨울만 되면 잎이 자주색 혹은 붉은색으로 변하는 식물들이 많다. 우리집 베란다에서 겨울을 나는 아이비도 겨울을 전후로 잎의 색이 붉어지곤 한다. 흔히 단풍으로 오인하기도 하지만 단풍과는 목적이 다르다.

자외선은 식물의 세포를 파괴하기 때문에 식물은 광합성이 활발한 봄, 여름, 가을엔 왁스 물질로 잎을 덮어 잎을 보호하고, 겨울에는 크산토필Xanthopyll이나 카로티노이드Carotinoid같은 색소를 만들어(인간으로 비유하면 일종의 멜라닌 색소) 잎을 보호한다. 자연에서라면 본디 땅속 깊이 들어 있어 구근과 싹이 햇빛에 노출되지 않겠지만, 실내 환경에서는 겨울 동안 구근과 잎이 햇빛에 노출되기 때문에 급히 안티 UV 색소를 만들어 자외선으로부터 보호를 하는 것이다.

그럼 자외선은 일년 사계절 똑같은데 왜 겨울에만 주로 나타나느냐고 반문할 수 있다. 이유는 광합성이다. 똑같은 빛을 받아도 겨울엔 광합성이 원활하지 않다. 광합성에 영향을 주는 요인은 빛뿐만 아니라 온도도 있다. 광합성에 도움을 주는 효소는 단백질로 이루어져 있어 온도의 영향을 받기 때문이다. 외부의 온도가 떨어지면 빛이 좋아도 광합성이 잘되지 않지만 온도가 올라갈수록 광합성 양이 급속도로 올라간다. 봄이 되면 온도가 올라가며 광합성이 활발하게 이뤄지기 때문에, 잎에 엽록소가 많이 생기며 전에 생긴 색소들이 자연스레 사라진다.

이렇게 잎에 생긴 자줏빛 색소는 겨울에 주로 발견되지만 구근의 경우엔 다른 계절에도 왕왕 발견된다. 구근을 수확한 후 해가 잘 드는 곳에서 말리면 자외선을 막기 위해 이들 색소가 다시 나타나는 것이다.

구근의 품질에 크게 영향을 미치는 것이 아니니 색소가 발현되었다고 울상일 필요는 없지만, 구근을 강한 햇빛에 오래 노출하면 구근의 탄수화물이 익어 버려 돌아올 수 없는 강을 건너는 일도 종종 있다. 이것이 구근을 그늘진 곳에서 보관하라고 하는 주된 이유이다.

4. 실내 가드닝 – 화분 식재에서 한파를 대비하는 요령

추식구근을 키울 때는 온습도계 비치는 필수이다. 참고로 겨울철 베란다의 온도는 높은 곳과 낮은 곳의 온도 차이가 심하므로, 구근이 놓여 있는 바닥면에 온도계를 두는 것이 가장 정확하다.

온도계 기준으로 영상 5도 이하로 내려가면 아네모네나 라넌큘러스 같은 비월동 구근 식물들의 생장이 멈추게 된다. 버티기 모드가 된다는 것이다. 그래서 이 온도대에 계속 두면 가진 에너지만 소모할 뿐이니, 가급적 높은 온도의 공간(실내)으로 옮기도록 한다. 실내로 들어가면 빛이 부족해지니 식물등을 켜서 빛을 보충해 주는 것도 좋다. 대신 일조 시간을 넘기지는 않아야 한다.

실내 공간의 밤낮의 평균 기온은 18도를 넘지 않는 것이 좋다.

난방을 하고 있다면 끄도록 하고, 만약 공용 공간이거나 아이가 있어 온도를 낮출 수 없다면 안 쓰는 방이나 창고를 활용하는 것도 좋다.

비월동 구근들은 영하 이하의 공간에 두면 냉해로 죽을 수 있으니 밤에만 영하로 떨어진다면 그때 임시로 실내에 들여도 좋다. 대신 낮에는 온도가 오르니 그때는 해가 잘 드는 곳에 두어 광합성을 충분히 할 수 있도록 하자.

빛이 좋을 때는 이런 고민을 할 수도 있다. '지금 베란다의 온도가 15도이고, 밖의 온도가 7도인데 베란다는 창문의 선팅 때문에 햇빛이 걸러져서 들어오니 그냥 화분걸이에 매달아 밖에 두는 게 광합성에 더 좋지 않을까?' 하는 생각이다. 그러나 광합성은 빛 에너지 외에도 이산화탄소 농도와 온도의 영향을 받기 때문에, 아무리 빛이 좋아도 기온이 낮으면 광합성량이 떨어지게 된다. 그러니 이런 경우 따뜻한 실내가 광합성에 더 나을 수 있다는 걸 생각해 주면 좋겠다. 그래도 집집마다 창문의 선팅 강도와 빛 차단율이 달라서, 실제 광합성량은 각기 다를 수 있으니, 이렇게도 해 보고 저렇게도 해 보며 가장 좋은 지점을 찾아 내길 바란다.

월동이 되는 구근들은 웬만하면 실내로 들일 일이 없다. 참고로 같은 베란다에 있더라도 화분이 어떤 위치에 있느냐에 따라 흙의 온도는 달라질 수 있다. 창과 가까운 곳은 춥고, 안쪽일수록 따뜻하다. 만약 오래된 알루미늄 샷시라서 창틈새로 바람이 들어

온다면 그 바람이 들어오는 곳과 인접한 곳은 춥고 멀어질수록 따뜻해질 것이다. 한파에 베란다 온도가 영하 5도 이하로 뚝 떨어지는 베란다라면 창틈새를 막아 주어야 냉해를 막을 수 있다.

높이를 달리 할 수 있다면 단열이 잘되는 집은 가급적 낮은 곳이, 단열이 잘 안 되는 집은 가급적 높이가 높은 쪽이 좋다. 찬 공기는 가라앉고 따뜻한 공기는 상승하기 때문에 같은 베란다라도 천장에 가까운 쪽과 바닥은 온도 차이가 평균적으로 2도, 심하게는 4도 이상 차이가 난다. 그러니 단열이 잘 안 되는 추운 베란다라면 한파 기간만이라도 책상이나 의자를 놓아 그 위에 화분을 올려 주도록 하자. 바닥이 타일로 되어 있다면 널빤지 같은 종이나 플라스틱으로 바닥면의 냉기를 차단시켜 주는 것도 좋다.

이런 조치를 해 줄 수 있는 상황이라면 좋겠지만, 그렇지 않더라도 대부분의 경우 추식구근은 한파의 추위를 견딜 것이다. 그러나 이때 만약 물을 듬뿍 주게 되면 그 물이 얼면서 구근의 뿌리가 피해를 입게 될 수도 있으니, 한파를 앞두고 혹은 한파 기간에는 설령 흙에 물이 부족하더라도 물을 주지 않도록 유의하자.

추식구근과 빛의 상관 관계

추식구근은 대부분 빛의 영향을 받지 않는 중일 식물이다. 그러나 빛과 동떨어져 살 수 있는 식물은 없다. 추식구근도 성장에 있어 빛이 영향을 주는 부분이 있다.

빛을 파장으로 나누면 크게 자외선과 가시광선, 적외선으로 나뉜다. 인간이 전기 에너지로 만들어 내는 식물등에는 가시광선과 적외선은 있지만 자외선은 없다. 그에 비해 아침마다 쬐는 햇빛에는 많은 양의 자외선이 포함되어 있다. 이 자외선은 식물을 괴롭히고 힘들게 한다. 인간은 자외선을 막기 위해 점을 만들었다. 식물도 이 자외선을 막기 위해 혹은 견디기 위해 갖은 방법을 동원한다.

추식구근의 경우엔 먼저 키가 작아진다. 잎도 같이 작아진다. 줄기는 단단해지고 두꺼워진다. 자외선의 구박에 난쟁이가 되어 버린 것이다. 실내의 경우엔 창을 통해 많은 자외선이 차단되기 때문에 키가 훌쩍 커진다. 색도 달라진다. 꽃잎의 색깔이 더욱 맑아지고 화사해진다. 반면 노지의 꽃들은 자외선을 막기 위해 점과 기미가 생겨서인지 색감이 더욱 어두워지고, 탁한 색감이 묻어 나온다.

실내에서 키우면 소녀소녀 그 자체인 티스부츠thijs boots라는 품종도 노지에서 키우면 수염난 아저씨처럼 걸걸하게 탁한 색감으로 피어난다. 이쯤 되면 식물에게 자외선이란 인간에겐 남성 호르몬 비슷한 게 아닌가 싶은 생각이 든다.

가시광선은 식물의 광합성에 영향을 미친다. 식물의 잎에 있는 엽록소는 가시광선 각각의 파장에 반응하여 광합성을 한다. 잎에 가장 많이 포함된 엽록소는 엽록소 a와 엽록소 b다. 이 두 엽록소는 주로 빨간빛의 파장과 파란빛의 파장에 반응한다. 초기 식물등이 정육점을 연상케 하는 빨간빛과 파란빛으로 나온 이유도 이 때문이다. 그러나 엽록소는 이 둘만 있는 것은 아니고, 또한 위의 엽록소들이 이 두 파장에만 반응하는 것은 아니기 때문에, 요즘은 식물등을 자연광(햇빛)에 가깝게 만드는 추세다. 우리가 밤에 켜는 LED등도 가시광선이 나온다. 식물과의 거리가 멀어 빛의 분산으로 식물에게 적은 양의 빛 에너지가 전달될 뿐이지, 광합성 자체가 불가능하지 않다. 가시可視 즉, 말 그대로 눈으로 보고 식별하는 모든 빛은 광합성을 시킬 수 있다. 그것이 무엇을 통해 전달이 되든 상관없이.

적외선은 추식구근의 생장에 가장 큰 영향을 미치는 요소이다. 적외선은 간단하게 말하면 빛의 열에너지이다. 물론 자외선과 가시광선에도 열은 있지만 적외선만큼 열작용이 심하진 않다. 태양의 복사열은 이 적외선에 의한 것이다. 보통 광합성은 온도가 높을수록 활발해지기 때문에 일반적인 식물에겐 적외선이 많이 전달될수록 성장에 도움이 되지만

빛이 세면 줄기가 자라기 전에 꽃이 피어 버린다. /
난쟁이로 피어난 튤립 망고참(mango charm)(좌),
실내에선 말간 색감으로 피어나는 튤립 티스부츠(thijs boots)(우)

(물론 단백질 효소가 변성되는 37도는 넘으면 안 된다), 추식구근은 온도가 높으면 휴면에 들어가기 때문에 적외선이 많아지면 많아질수록 꽃이 일찍 시들게 된다. 빛을 많이-오래 받으면 가시광선도 많아지고 적외선도 많아진다. 식물체는 열을 받고 온도가 올라간다. 이때 기후라는 외부적 요인에 의해 온도가 내려가야 추식구근은 휴면에 들어가지 않으면서도 생장 활동을 계속한다.

현재는 이것이 가능한 환경이 네덜란드 해안 지역뿐이다. 그런데 만약 인간의 기술이 더 발달하여 자연은 크게 훼손하지 않고도 많은 전력을 만들어 저렴한 비용으로 가시광선만 주로 나오는 식물등을 사용할 수 있다면 추식구근의 성장과 구근 비대는 어떻게 될까. 네덜란드를 뛰어넘는 엄청난 양의 양분 저장이 가능해질까? 그런 날이 오면 추식구근의 품종 개량에도 엄청난 혁신이 불어와 본 적 없는 엄청난 모습의 꽃을 보게 될 수도 있겠다.

현재의 기후 상태라면 10년 뒤쯤엔 추식구근을 보는 것이 쉽지 않을 수 있다. 특히나 온도에 민감한 원예용 튤립과 대형 알리움이 그렇다.

이대로 인간이 속수무책으로 지구의 변화를 막지 못해 보던 꽃도 못 보는 미래가 도래할까, 아니면 비약적 기술 발전으로 본 적 없는 꽃을 보는 미래가 도래할까.

개인적으로 추식구근의 10년, 20년 후가 궁금하다.

Part 5
봄,
결실의 시간

봄은 추식구근을 키우는 사람들에게 결실의 시간이다. 키우는 환경의 빛이 좋고 온도가 높다면 여러 종류의 추식구근이 동시다발적으로 개화하겠지만, 온도가 순차적으로 오르는 환경이라면 구근도 순서대로 깨어날 것이다. 가장 먼저 깨어나는 구근은 '눈꽃'이라는 이름에 걸맞은 스노우드롭—갈란투스이다. 그 다음은 크로커스와 히아신스인데 이들 구근도 개중에 일찍 피는 품종(조생종)과 늦게 피는 품종(만생종)이 있기 때문에, 같은 날에 심었는데 꽃 피는 시기가 다르다고 놀랄 것 없다. 그 다음으로 깨어나는 꽃은 아이페이온이다. 향기부추라는 이름을 가지고 있는 아이페이온은 꽃의 개화 시간도 길지만 여러 개의 꽃이 계속적으로 올라오기 때문에 개화 기간 자체도 길다. 히아신스와 비슷한 시기에 올라와 대부분의 추식구근들이 작별하고 시들 때까지 베란다를 지키는 터줏대감 같은 존재이다. 갈란투스와 크로커스가 시들고 히아신스가 베란다를 채우기 위해 고군분투할 때, 튤립의 꽃봉오리가 점차 물들기 시작한다. 반에이크 같은 조생종으로 시작하여 퀸 오브 나이트 같은 만생종으로 바통 터치하기까지 짧으면 2주 길면 한달이 걸리는데, 이 시기에 튤립과 같이 깨어난 수선화도 피고 짊을 반복하며 다가올 여름을 맞이할 준비를 한다.

튤립과 수선화가 시들었다고 해서 꽃잔치가 끝나는 것은 아니다. 블부벨과 히아신소이데스, 카마시아와 오니소갈룸 같은 상대적으로 높은 온도에서 잘 자라는 추식구근이 남아 있기 때문이다.

마지막 꽃잔치까지 오지게 누리고 나면 이제는 지난 6개월의 성적표를 받아 볼 차례이다. 노랗게 시든 잎을 걷어 내고 마른 흙을 뒤엎으며 화분을 정리하다 보면, 지난해 구근을 심었던 자리에 새초롬한 아기 구근들이 보이기 시작한다. 어떤 것은 엄마 품에 폭 싸여 언니 동생과 나란히 누워 있기도 하고, 어떤 것은 무엇이 무서워 숨었는지 화분 바닥까지 기어들어 가 있기도 하고, 또 어떤 것은 감자나 고구마처럼 호기롭게 줄기를 멀리 뻗어 있기도 한다.

작으면 작은 대로, 크면 큰 대로 수확의 즐거움이 있다. 사실 농부가 아니고서야 하나의 식물을 뜻밖의 사고로 보내지 않고 정상적으로 키워 그 시작과 끝까지 목도하는 경험은 흔치 않다. 우리보다 너무 짧은 생의 주기를 가진 생명체를 키우는 것은 반가움과 즐거움도 있지만 슬픔과 헛헛함도 있다. 몰입을 많이 하면 할수록 헤어질 때의 슬픔이 깊어져, 유사 임종의 경험

을 하기도 한다. 언뜻 생각하면 예쁜 꽃 보려다 괜히 마음만 무거워질 것 같아 차라리 안 키우는게 낫겠다 싶은데, 놀랍게도 이런 경험이 정신의학적으로는 오히려 인간에게 도움이 된다고 한다. 반복된 이별이 마음 근육을 단단하게 해 주고, 흙에서 자라 흙으로 돌아가는 식물을 보며 죽음을 긍정하게 되기 때문이라고 한다. 인간 관계에서도 후회가 남지 않는 아름다운 이별은 새로운 인연에 대한 기대감을 주며 우리를 건강한 삶으로 이끈다. 하물며 다른 관계야 어쩌겠는가.

요즘 가드닝을 하며 만나는 식물들 중에는 한 해만 살고 죽는 일년초가 많지 않다. 기왕 돈 쓴 거 오래 보고 싶어 다년초 화초를 선호하기 때문이다. 그러다 보니 가드닝에서 식물과 유종의 미를 거두기란 쉽지 않다. 인간보다 수명이 긴 식물을 키우며 경험하는 이별은 대개는 과습으로 죽이거나 벌레 때문에 죽이는, 사고사가 많기 때문이다. 그게 아니라면 너무 커진 모습이 못나 보여 집 밖에 내다 버리거나 중고 거래로 팔아 버리는 일방적 이별이 많으니, 하나의 식물이 천수를 누리고 간 모습을 지켜본 식집사는 많지 않을 것이다.

그런 면에서 추식구근은 6개월이라는 기간, 짧고 굵게 생과 사를 보여 주고 쿨하게 작별하니, 오랜 관계를 맺는 게 부담스럽고 힘든 사람들에게도 부담 없는 식물이 아닐까 싶다.

그래서 이제는 아름다운 작별을 위해 가드너가 마지막으로 해 줘야 하는 것들에 대해 적어 볼까 한다.

봄철에
알아야 할 상식들

싹이 올라온 순간부터 물이 굉장히 많이 필요해진다

집집마다 구체적인 날짜는 달라도 보통 평균 온도가 올라가고 창으로 들어오는 빛이 강렬해지기 시작하면 조그맣던 싹이 대나무에 빙의한 것처럼 하루가 다르게 쑥쑥 올라오기 시작한다. 이 시기부턴 광합성량에 따라 화분 내 수분 사용량이 달라지게 된다. 해가 잘 드는 곳에 둔 추식구근은 엄청난 양의 물을 광합성과 증산 작용으로 소비해 버린다. 거기다 더해 창문까지 열면 건조한 공기가 들어와 화분의 수분 증발을 돕는다. 화분과 흙에 빛도 쏟아진다. 어제 물을 줬는데 오늘 보니 흙이 말라 있다는, 믿기 힘든 후기가 이 시기에 쏟아진다.

흙 구성과 배합, 화분의 통기성과 함수성, 흙의 양에 따라 다르긴 하지만 대체적으로 봄부턴 흙이 빠르게 마르기 시작한다. 그래서 이

잎과 꽃은 물을 잡아 먹는 하마다.

시기엔 물 시중을 잘 들어야 한다. 실내 가드닝은 하나부터 열까지 사람 손이 가야 하니 그려려니 하면서, 노지는 심어만 놓으면 자연이 알아서 키운다고 물 시중을 게을리하면 안 된다. 한국의 봄날은 의외로 가물다. 지구 온난화가 체감되기 시작하면서부터 지역에 따라 봄 장마가 있는 곳도 있지만 봄 가뭄이 더 지독해진 곳도 있다. 이런 경우 제때에 물을 주지 않으면, 구근은 가뭄에 버티기 위해 자기가 가진 수분과 양분을 소비하느라 정작 꽃에 쓸 에너지가 없어 꽃이 마르거나 꽃이 안 피기도 할 것이다.

적시에 물을 주게 되면 구근이 자기 양분을 쓰는 일이 없기도 하거니와, 그 물로 흙에 있는 양분을 녹여 같이 흡수하기 때문에 흙 속

미네랄이 식물체에 공급되어 식물체를 더 건강하게 만들고 광합성 및 양분 저장을 더욱 잘하도록 돕는다. 그러니 수시로 섬세하게 물 관리를 해 줄 수 있다면 속흙이 말랐을 때, 바쁘다면 겉흙이 말랐을 때 물을 줘서 구근이 물을 충분히 마실 수 있도록 하자.

라자냐로 식재하고 싶을 때

추식구근의 여러 품종을 키에 맞게 사이사 이 넣어 합식하는 것을 '라자냐'라고 한다.

서양에서는 커다란 토분에 기름진 흙을 채워 구근을 심을 때부터 높이에 맞춰 식재한 후 한데 피는 모습을 연출하곤 한다. 그러나 이것은 봄이 시원하고 온도 상 승이 가파르지 않는 '지중해성 기후' 내지 '해양성 기후'에서나 가능한 방 법이다.

봄철 온도 상승이 가파른 대륙성 기후의 한국에서는 라자냐로 식재 하면 서로 다른 구근이 각기 다른 시기에 올라와 이것도 저것도 제대로 즐기지 못하는 일이 발생하기 쉽다. 그러므로 굳이 합식으로 추식구근 을 즐기고 싶다면, 각각의 모종을 작은 포트에 심어 따로 키운 후, 꽃이 필 즈음에 맞춰 꽃봉오리가 올라온 것끼리 추려서 합식하는 것이 낫다. 사진 속 화분도 각각 꽃을 피운 추식구근을 한데 모아 식재한 것이다.

햇빛을 보여 주는 기준

추식구근은 온도에 민감하니 빛을 쬐는 것이 마냥 좋지 않다는 것은 알게 되었을 것이다. 튤립의 경우 빛이 좋은 남향보다 빛이 적은 동향에서 더 예쁘게 자라는 걸 보면, 오히려 빛이 안 좋은 건 아닐까 하는 생각까지 든다. 그러나 추식구근에게 빛이 단점만 있는 것은 아니다.

다른 식물들처럼 추식구근도 빛이 부족하면 웃자라게 된다. 웃자란다는 것을 나쁘게 생각하는 경향이 있는데 사실 식물 입장에서 웃자라고 있다는 건 아주 팔자가 늘어진 상황이다. 햇빛의 따가운 UV 자외선도 없고, 자꾸 휘청이게 하는 거센 바람도 없으니 기 안 죽고

줄기를 길게 뻗게 하는 건 어둠이지만, 꼿꼿하게 서게 하는 건 빛의 힘이다.

쑥쑥 자라는 게 바로 식물의 웃자람이다. 그러나 식물 입장에서 편하다고 해서 그게 바람직하다거나 건강하다는 건 아니다. 그렇게 가혹한 미래에 대한 경각심 없이 무르게 자란 세포는 아주 약한 시련에도 훅 꺾이게 마련이라, 가뜩이나 큰 얼굴의 꽃을 피우는 추식구근에게는 웃자라는 것이 독이 되는 상황이 많다. 그래서 추식구근의 경우에도 줄기가 무너지지 않을 정도의 튼튼함은 필요하고, 이 튼튼함을 위해 시련이 되어 줄 바람과 빛이 필요하다.

개인적으로 튤립의 경우 하루 3시간 미만의 빛을 쬐는 것이 튤립의 키와 밸런스, 개화 기간과 개화 컨디션을 고려할 때 가장 이상적인 것 같다. 물론 환경에 따라 튤립에게 실제로 전달되는 시간당 빛의 에너지는 달라질 수 있으니 어디까지나 우리집 기준이다. 빛의 종류를 선택할 수 있다면 오후 빛보다는 오전 빛이 좋다. 가장 추울 때 빛을 쬐면 설령 온도가 오르더라도 휴면 온도에 도달하지 않지만, 이미 공간의 온도가 올라간 한낮을 지나 빛까지 받게 되면 추가적으로 온도가 올라가서 금방 휴면 온도에 도달해 버리기 때문이다. 그래서 만약 남향과 서향에서 튤립을 키우고 있다면 빛을 쬐는 시간을 줄이고 차광을 해 주는 것이 좋다. 빛은 꼭 직광만 있는 것이 아니다. 창문을 통해 들어온 빛은 바닥면의 타일과 벽면의 페인트에 반사되어 식물에게 도달한다. 간접광과 반사된 빛으로도 식물은 열을 받고 광합성을 하니 빛이 풍부한 환경이라면 차광에 보다 힘써 줘야 한다.

해바라기만 빛을 갈망하는 것은 아니다.

참고로 대부분의 추식구근이 그러하지만 특히 튤립은 꽃대가 길기 때문에, 빛을 쬐면 그 방향으로 꽃이 기우는 굴광성이 심하다. 해가 비치면 그 방향으로 기울었다가 빛이 사라지거나 중립이 되면 똑바로 서게 된다. 이를 막기 위해선 차광하여 빛을 없애거나, 반사되고 산란하는 빛을 보여 주어 특정 빛에 쏠리지 않도록 하는 방법을 쓸 수 있다.

기울어진 튤립의 화분을 반대쪽으로 돌리는 것은 초반에는 효과적이긴 하나, 계속 방향을 바꿔 주면 줄기에 부담을 주어 양분 소모가 심해지고, 꽃대가 부러지게 되는 원인을 제공한다.

줄기가 마르고 비틀어지는 이유

추식구근이 꽃대를 올리다가 갑자기
줄기 중간이 마르고 비틀어지며 꺾이
는 일들이 종종 발생한다. 해당 부위
의 세포벽이 양분 결핍으로 부실해지거
나 생리 장애가 생긴 경우 등이다. 주로 평균 온도 10도 이상 차이가 나
는 곳으로의 이동(추운 곳에서 따뜻한 곳, 따뜻한 곳에서 추운 곳으로 이
동 모두 해당), 평균 온도 20도 이상의 갑작스런 고온, 과습, 과영양, 양
분 부족(주로 칼슘), 통풍 불량 등이 있을 때 발생한다.

히아신스는 줄기에 비해 꽃이 큰 얼큰이 화형을 자랑한다. 도깨
비 방망이를 연상시키는 꽃몽오리는 무게도 무거워서 까닥하면 쓰
러지기가 쉽다. 히아신스의 꽃대를 잘라 보면 단면은 마치 부레옥잠
의 단면처럼 스폰지 같다. 이렇게 낮은 밀도의 무른 꽃대는 히아신
스의 무거운 꽃대를 지탱하기 어렵다.

그러니 꽃이 구근에서 무사히 나왔다면 그 다음부턴 많은 빛을
보여 주며 꽃대가 튼튼해질 수 있도록 해 주자. 참고로 꽃몽오리가
구근에서 다 빠져 나오지 않았을 땐 직광을 피하는 것이 좋다. 다 나
오기도 전에 고온에 노출되면 급격하게 개화 모드로 변환되며 수분

꽃봉오리가 구근에서 나온 후부턴
햇빛을 잘 봐야 한다.

으로 팽창된 꽃이 구근 안에 끼여 버리고, 아직 나오지 못한 꽃송이
가 구근 안에서 썩어 버리기 때문이다. 개화가 시작되면 대부분의
꽃들은 다량의 물을 머금고 덩치를 부풀린다는 것을 늘 명심하자.

수선화는 튤립과 히아신스처럼 시간과 타이밍까지 고려하며 빛
관리를 해 주지 않아도 된다. 날씬한 잎들 사이로 꽃봉오리가 비집
고 올라오기 쉬운 데다 빛을 많이 봤다고 꽃이 못나게 피는 것도 아
니기 때문이다. 그래서 보다 편하게 빛 관리를 할 수 있지만, 기본적
으로 빛을 많이 볼수록 줄기가 튼튼하되 짧고, 빛을 적게 볼수록 줄
기가 길되 무르다는 점을 기억하자.

참고로 노지에서 수선화의 명당 자리는 양지가 아니라 반양지 내

수선화는 반그늘을 좋아하지만 실내에선 줄기가 무르게 자라 쓰러지기 쉽다. 하루 반나절의 빛은 수선화를 튼튼하게 자라게 한다.

지 반그늘이다. 빛을 적당히 받으면서도 적당히 안 받는 자리에서 가장 길쭉하고 예쁘게 꽃이 핀다. 그 점을 명심하며 수선화의 명당 자리를 각자의 집에서 찾아보자.

심자마자 싹이 나는 아이페이온과 무스카리, 라넌큘러스, 아네모네와 프리지아, 알리움은 당연히 해가 가장 잘 드는 곳이 명당이다. 이중 라넌큘러스와 아네모네, 프리지아는 빛을 쬔 정도에 따라 꽃의 개수가 달라지기도 하니, 무조건 빛을 오래 많이 쬐는 곳에 두도록 하자.

쉴라와 치오노독사, 푸쉬키니아는 봄에 싹이 나는 식물이긴 하지만 빛을 잘 쬐는 곳에서 키우는 것이 좋다. 유독 꽃대가 얇기 때문이

빛이 부족하면 웃자란다.
키가 작은 식물을 절화로 사용하려고
일부러 웃자라게 할 수도 있다.
무스카리 베이비스 브레스(baby's breath).

다. 특히 쉴라는 꽃도 무겁지만 가벼운 바람에도 쉬이 수정되는 씨방이 유독 무겁기 때문에 꽃대가 기절한 듯 땅에 붙어 있는 경우가 흔하다. 씨앗이 생긴다는 기쁨으로 용서하기엔 많이 추접한 모습을 보이니, 빛이 부족한 환경이라면 심는 것을 다시 고민해 보길 바란다.

블루벨, 히아신소이데스, 카마시아와 오니소갈룸은 빛을 받아도 좋고 안 봐도 무난한 식물이다. 그래서 보통 이것저것 잔뜩 심은 후 각자의 자리를 배치할 때 가장 후순위로 고민하는 식물이기도 하다. 이들 식물은 빛을 적게 봤다고 줄기가 무르거나 쓰러지진 않는다. 마늘쫑 같은 튤립, 히아신스, 수선화, 무스카리, 알리움의 꽃대와 달리 블루벨과 히아신소이데스, 카마시아와 오니소갈룸의 꽃대는 갈대처럼 섬유질이 발달하여 강인하기 때문이다.

그러나 빛을 잘 보여 줄 수 있는 환경이라면 빛을 잘 보여 주는 것이 좋다. 광합성을 하면 할수록 구근 비대가 잘되기 때문이다. 이들

비교적 높은 온도에서 피는 구근들은 실패할 가능성이 낮고,
구근 유지가 잘되는 편이다. / 카마시아 오리온(orion)(위),
오니소갈룸 손더시에(saundersiae)(아래)

식물군은 바람에 흔들리는 정도로도 수정이 잘되는데 이때 수정된 씨앗을 흙에 뿌리면 발아율이 높아서 씨앗 번식도 잘된다. 쉽게 말해 공을 들이면 들인 만큼 본전 뽑기가 좋다. 아무래도 앞서 엄청난 꽃구경을 한 뒤라 전과 같은 애정과 관심을 가지기 어렵지만, 그래도 마지막까지 집중하여 관심을 기울인다면 수확의 시기에 뜻밖의 기쁨을 맛볼 수 있을 것이다.

다만 주의할 점은, 꽃은 애초에 인간의 관상觀賞을 위해 만들어진 기관이 아니라는 것이다. 식물은 종족 번식의 수단으로 꽃을 만들기 때문에 그 목적에 충실하게 꽃을 운영한다. 즉, 꽃이 수정되면 미련 없이 꽃잎을 떨어뜨린다. 알다시피 꽃을 수정시키는 매개체는 바람과 곤충이다. 추식구근을 바람이 잘 드는 창가에 두거나, 아예 벌과 나비가 날아드는 창 밖에 둔다면 꽃이 피는 족족 시들어 씨앗을 맺는 모습을 보게 될 수도 있다. 씨앗을 얻는 것이 목표라면 이렇게 하는 게 맞지만, 만약 꽃을 오래 보는 것이 목표라면 바람과 곤충은 최대한 차단하길 바란다.

진딧물을 조심

다른 의미로도 곤충을 조심해야 하는 경우가 있다. 바로 바이러스 때문이다. 우리나라로 수입되는 구근 중에서도 바이러스 감염이 의심되는 꽃들이 간혹 있는데, 이런 바이러스는 프리지아와 튤립에서 주로 나타난다. 바이러스에 감염되면 잎의 색이 변하고 일정한 패턴의 문양이 나타나거나, 튤립의 경우 꽃 색이 파괴되어 다양한 문양과 색의 꽃이 피기도 한다. 바이러스에 감염된 구근은 광합성에 어려움을 겪어 3, 4년 이내에 자연적으로 소모되기 때문에 바이러스가 다른 구근에 옮겨지지 않도록 유의해야 한다.

바이러스에 감염된 식물을 자른 가위로 다른 정상 식물을 자른 경우가 아니라면, 바이러스가 다른 식물에게 옮겨지는 거의 유일한 경로는 바로 곤충이다. 곤충 중에서도 진딧물 같은 흡즙성 곤충이 다른 식물에게 바이러스를 옮긴다.

실내는 물론 노지의 경우엔 특히나 진딧물, 총채 같은 흡즙성 벌레가 바이러스를 여기저기 옮기지 않도록 예방 및 방제에 각별히 신경을 써야 한다.

흡즙성 벌레

식물의 즙액을 먹는 벌레를 흡즙성 벌레라고 한다. 식물에 나타나는 벌레나 곤충이 모두 식물을 먹는 것은 아니다. 어떤 벌레는 죽은 식물의 세포만을 먹기도 하고, 어떤 벌레는 죽은 식물의 세포를 먹는 그 벌레를 잡아먹기도 한다. 살아 있는 식물의 즙액만을 먹는 벌레도 있고, 그런 벌레만 잡아먹는 육식 벌레도 있다. 식물을 먹는 초식 벌레라고 하여 모두 해충은 아니다. 어떤 형태로 식물을 섭취하느냐에 따라 익충(톡토기)이 되기도 하고 해충(진딧물)이 되기도 한다. 육식 벌레도 마찬가지다. 살아 있는 식물의 즙액을 먹는 벌레만 잡아먹는다면 익충(무당벌레)이 되겠지만, 흙 내 풍부한 초식 벌레들이 없다고 식물 뿌리에 상처를 입혀 식물을 죽게 만들고, 자신의 먹잇감을 증가시킨다면 해충(뿌리파리 유충)이 된다.

씨앗 번식을 생각하고 있다면

추식구근은 대부분 구근을 통해 번식하긴 하지만, 씨앗으로 번식이 안 되는 건 아니다. 개화구까지 소요되는 기간이 구근보다 더 길어서 그렇지, 양을 놓고 생각하면 씨앗만 한 번식 도구도 없다. 다만 씨앗으로 시작할 경우 구근보다 더 많은 빛 에너지가 필요하므로, 씨앗 파종은 빛이 잘 드는 노지에서 하는 것을 추천한다.

앞서 서술했듯, 구근으로 번식하는 방법은 고유의 유전자를 그대로 물려주기 때문에 이 과정에서 다른 모양, 다른 색의 꽃이 튀어나오지 않는다. 그러나 씨앗으로 번식하는 경우, 전혀 다른 품종의 유전자가 만나 새로운 품종이 나오기도 하기 때문에, 실제로 신품종 개발을 위해 씨앗을 활용하기도 한다.

자연적으로는 벌과 나비 같은 곤충이 이 꽃 저 꽃 옮겨 다니며 꽃을 수정하는데, 품종마다 개화 시기가 미세하게 다르기 때문에 전혀 다른 꽃가루가 수정될 확률이 생각보다 낮다. 그래서 신품종 개발을

뿌리응애 피해로 심지가 썩은 히아신스를 도려낸 후 말리자 인편 끝에서 양분을 그러모아 자구가 생겼다. 이 원리를 응용하면 짧은 시간 내에 많은 자구를 만들 수 있지만, 우리나라에서 이를 개화구까지 성장시키려면 너무 많은 시간이 소요된다.

염두에 두고 꽃가루를 수정할 때는 오히려 벌과 나비 같은 매개 곤충의 출입을 철저히 통제하고, 붓에 꽃가루를 묻혀 인공적으로 수정을 시키곤 한다. 이런 인위적인 수정은 자연적 수정법에 비해 성공률이 낮다. 각기 다른 유전자가 잘 결합되지 않는 경우도 허다하고, 아무래도 각기 다른 시기에 개화한 꽃을 수정시키다 보니 한쪽의 꽃가루 상태가 너무 어리거나 혹은 너무 오래되어 본연의 좋은 유전자를 전달하는 데 어려움이 있기 때문이다. 그래서 일반 가정에서는 새로운 품종의 추식구근을 씨앗으로 얻어 내는 건 현실적인 어려움이 많다.

신품종에 대한 욕심만 없다면 동일 개체의 번식 수단으로 씨앗 번식은 꽤 매력적인 일이다. 자연적으로 벌과 나비에게 맡겨 놔도 좋고, 바람에 맡겨도 좋고, 심심하다면 꽃대를 손으로 살랑살랑 흔들어도 좋고, 붓으로 암술과 수술을 간지럽혀도 좋다.

꽃은 수정되는 즉시 시들기 때문에 가급적 늦게 수정시켜야 꽃을

노지의 원종 튤립이 통통하게 씨앗을 가득 물었다.

오래 보겠지만, 개화 후 너무 오랜 시간이 지나 수정시키면 암술과 꽃가루가 모두 컨디션이 나빠져서 제대로 수정이 안 될 수 있다. 또한 유전적인 측면에서도 암술과 꽃가루의 상태가 가장 좋을 때 수정시켜야 좋은 유전자의 씨앗을 얻게 된다. 우성 유전자를 지닌 식물은 똑같은 시련을 겪어도 더 강인하게 극복한다. 그러니 좋은 유전자를 얻기 위해선 꽃을 포기하는 것도 감수해야 한다. 꽃 수정에 가장 좋은 타이밍은 향기로 알 수 있다. 꽃에서 기분 좋은 향기가 나와 그 향기가 가장 짙어질 때가 꽃을 수정시키기에 가장 좋은 타이밍이다. 벌과 나비는 향기를 맡고 꽃을 찾아간다. 우리도 향이 짙어질 때 꽃을 찾아가 보자. 꽃은 튼실한 씨앗으로 우리에게 보답을 해 줄 것이다.

꽃이 필 때의 물 주기 유의점

잎이 날 때부터 물을 잘 챙겨 줘야 하지만, 꽃이 피었을 때는 더욱 신경 써야 한다. 우리가 어떤 행동을 3번 이상 반복하다 보면 일종의 감이 생겨서, 그다음부터는 여러가지 상황을 종합적으로 고려하여 그에 맞게 대응하기보단 그동안 해 온 관성에 따라 행동하기 쉽다. 식물에 물 주는 것도 마찬가지다. 잎이 났을 때 3일에 한 번 물을 주니 괜찮았다는 데이터가 생기면 무의식적으로 이를 답습하기 쉽다. 그러나 식물은 새싹이 돋아 날 때와 꽃이 필 때의 물 요구량이 다르다.

추식구근을 포함한 모든 꽃들은 개화 시 놀랄 만큼 많은 양의 물을 일시적으로 요구한다. 다육이나 선인장 같은 식물들은 물 주기를 멈춰야 꽃이 피기 때문에 꽃에 물이 필요 없다고 생각할 수도 있는데, 이들 식물은 개화기 때 비가 내리면 수정이 실패하기 때문에 일부러 건기에 맞춰 꽃을 피우도록 진화되어 그런 것이지, 이 역시 개화 자체엔 (비축해 둔) 많은 물을 사용한다. 식물의 꽃은 얇을 때도 있고 가늘 때도 있지만, 그 모든 꽃 자체가 하나의 일종의 물풍선이라고 볼 수 있다. 영양분을 그러모아 만든 각기 다른 모양과 색의 틀에 물이 채워 넣어져야 꽃이 완성된다. 그래서 식물들은 꽃이 필 때는 전과는 다른, 많은 양의 물을 필요로 한다. 기존의 광합성과 증산작용에 소요되는 물에 더해 별도의 물이 추가적으로 더 필요하니, 잎만 있을 때와 비교하여 물 마름이 더 빠른 것도 당연하다.

게다가 튤립을 비롯한 추식구근들은 꽃의 볼륨이 매우 크다. 거기에 더해 개화가 진행되면 될수록 꽃이 더 거대해지는 성질이 있다. 꾸준히 계속 많은 양의 물을 필요로 한다는 뜻이다. 그러니 꽃봉오리가 올라와 색이 물들고 부풀어 오를 준비를 한다면 마음가짐을 새로 먹고 달라진 주기에 맞춰 물을 줄 수 있도록 하자.

추식구근 중에서 특히 물 주기에 유의해야 하는 식물

추식구근 중에서 히아신스는 개화기에 물이 부족하면 향이 변하는 특징이 있다. 본래의 향기로운 향기가 수분 고갈을 겪으면 고약한 화학 냄새 내지 분변 냄새로 변하게 된다. 한 번 냄새의 성질이 변하고 나면 그 후에는 아무리 물 공급을 잘해도 원래의 향으로 돌아오지 않으니, 다른 건 몰라도 히아신스 화분은 절대 물을 말리지 않도록 하자. 히아신스 중에서 파란색의 히아신스들은 상대적으로 향기가 좋지 않은데, 물이 부족하게 되면 불쾌한 냄새가 더 두드러지게 강해지니, 이들 색상의 히아신스를 키운다면 물 관리에 특히 신경을 써야 한다.

추식구근 중에는 좋은 향기를 가진 꽃이 많다.

이런 꽃들 위주로 침실의 창 밖에 키를 맞춰 놓아 보자.

자기 전 창문을 열면

짙게 내려앉은 공기에 꽃향기가 퍼져 오고,

아침에 창을 열면 바깥의 찬 공기에

진한 향기가 섞여 따뜻한 방으로 낮게 들어온다.

봄날의 아이는 꽃향기를 맡으며

잠이 들고, 꽃향기를 맡으며 일어났다.

개화 중 해야 하는 것, 하지 말아야 하는 것

추식구근 중에 온도의 영향을 크게 받는 튤립, 히아신스, 무스카리, 크로커스, 수선화, 알리움, 히아신소이데스, 아이페이온, 쉴라, 치오노독사, 갈란투스, 스노우플레이크, 카마시아, 블루벨은 온도에 따라 개화가 좌우된다. 일정 온도에 도달하면 정직하게 개화가 되고, 온도가 점점 높아지면 노화가 진행되고, 그보다 온도가 높아지면 시들어 휴면기에 들어가게 된다.

여름에도 낮 평균 기온이 20도를 넘지 않는 네덜란드에서는 3월에 개화한 튤립이 5월까지 만개하는데, 봄 온도 상승이 가파른 한국에선 보통 일주일에서 2주 정도 개화하다 꽃이 시들어 버린다. 만약 이때 온도 관리를 해서 낮 평균 기온이 20도를 넘지 않게 할 수 있다면 개화 기간이 보다 길어질 것이다. 적외선을 포함한 햇빛을 차단하고, 바닥이나 벽면에 찬물을 뿌려 공간의 온도를 낮출 수도 있겠다. 온도 관리는 각자의 몫이니, 여러 과학적 원리를 적용하여 개화 기간을 연장해 보자.

추식구근은 노화가 진행되면 이전으로 돌아가는 것이 불가능하다. 이미 거대하게 만개한 꽃을 인위적으로 찬 곳에 집어 넣는다고 꽃봉오리 때의 모습으로 돌아가진 않는다. 다만 영상 5도 이하의 온도에선 노화의 진행이 멈출 수는 있다.

개화 기간에 하지 말아야 할 것으로 크게 두 가지를 꼽을 수 있다. 첫 번째는 꽃에 물을 뿌려 주는 것이다. 꽃잎과 암술 수술에 물이 닿게 되면 식물은 비가 내린다고 생각한다. 비가 내리면 꽃의 수정이 어렵다. 때문에 식물은 비가 내리면 개화를 포기하기도 한다. 꽃에 물을 뿌리는 것은 꽃의 수명이 줄어드는 일이니, 가급적 잎과 줄기에만 물이 닿도록 하자.

두 번째로는 영양제를 조심해야 한다. 물론 개화에 영양제가 도움이 안 되는 것은 아니다. 하지만 양이 문제이다. 너무 많은 영양제는 흙의 농도를 상승시켜 과영양으로 인한 삼투 현상을 유발하기도 하고, 생식 성장을 종료하고 영양 생장을 하도록 독려하기도 한다. 그러니 개화기 때 영양제를 줄 때는 권장 사용량보다 한참 적은 양을 묽게 희석하여 주어야 한다.

분갈이도 흙에 새로운 영양분이 공급되는 것이기 때문에 영양제를 주었을 때와 같은 결과가 초래될 수 있다. 그러니 분갈이를 하게 된다면 흙에 너무 많은 양분이 공급되지 않도록 무기질 소재를 넉넉히 섞어 주어 밸런스를 잡도록 하자.

추식구근 꽃이 피었을 때
아이와 하면 좋을 놀이

아이와 꽃 염색을 해 보자. 추식구근의 꽃대를 잘라
염색약에 담아 두면 짧게는 2시간, 길게는 하루 만에 꽃에 색이 물든다.
치자와 비트뿌리 같은 천연 색소보다 전용 염색제가 더 염색이 잘된다.
꽃대 끝을 2등분 혹은 3등분 한 후 그 줄기를 각각의 색소에 담으면
여러 색이 섞인 무지개 꽃이 완성된다.

추식구근 각각의 개화 기간은 길지 않다.

날이 안 좋으면 일주일, 좋으면 이주일이다.

짧은 기간에 꽃을 오롯이 즐겨야 하지만,

꽃이 예쁠 온도는 우리에겐 너무 춥다.

잠시 테이블이나 소파를 창가에 붙이고

창가 너머로 꽃을 즐겨도 좋고,

베란다 바닥에 따뜻한 카페트를 깔아

쉴 자리를 마련해 줘도 좋다.

그 정도 수고는 유난이 아니다.

꽃이 예쁠 시기는 짧고, 우리도 우리 인생

가장 예쁜 시절과 이별하고 있다.

꽃이
시들어 간다면

꽃이 시들어 간다면 이제 선택을 할 시간이다. 자연적으로 꽃을 남겨 놓아 씨앗을 키울 것인가 아니면 꽃대를 잘라 구근을 키울 것인가.

대부분의 추식구근은 꽃대를 빠르게 포기하고 구근을 살리는 쪽이 좋지만, 무스카리나 아이페이온, 쉴라와 치오노독사, 카마시아와 원종 튤립의 경우에는 씨앗을 살리는 쪽도 괜찮은 선택이다. 다만 채종 후 씨앗을 발아하는 것도 실내보단 노지에서 하는 것이 좋기 때문에, 씨앗을 뿌릴 노지의 땅이 있는 경우가 아니라면 씨앗이 잘 생기는 식물일지라도 씨앗을 포기하고 꽃대를 조기에 자르는 게 더 나을 수 있다.

꽃, 정확히는 씨방이 잘려 나가고 나면, 식물은 생식 성장에서 영양 생장으로 모드 전환을 한다. 생식 성장 때는 양분이 꽃과 씨방에

몰리지만, 영양 생장 모드로 변환되면 잎에서 만들어지는 양분이 구근으로 내려가 차곡차곡 쌓이기 시작한다. 이때 우리가 해 줄 수 있는 최선은 최대한 많은 빛을 보여 주는 것이다. 그러나 구근은 온도의 영향을 받기 때문에 지열-흙의 온도가 너무 높지 않도록 신경도 써야 한다. 토분이라면 화분에 직광이 닿지 않도록 차광에 특히 신경써야 한다. 단열이 되는 플라스틱 화분은 직광에 노출해도 되지만 화분의 색깔에 따라 지열의 차이가 있을 수 있다.

꽃이 시들면 영양분을 공급해 주는 것도 좋다. 영양제는 가급적 정제가 된 무기질 비료를 추천한다. 유기질 비료-거름의 경우엔 이것이 유효하게 작용하려면 미생물의 연속 분해가 이뤄져야 한다. 미생물의 작용에는 따뜻한 온도도 필요하지만 물도 필요하다. 때문에 유기질 거름은 흙 위에 뿌려 놓는 것보단 땅속에 섞어 두는 것이 더 유효한데, 이미 뿌리가 흙 속 가득 자리한 상황에 유기질 거름을 투입시키기 위해 흙을 헤집을 수는 없다. 농부가 유기질 거름을 작물을 심기 전에만 뿌려 주고, 심은 이후에는 뿌리지 않는 것은 그것이 효과가 없어서가 아니라 식물에 이로울 수 있는 상황으로 뿌려 줄 수 없기 때문이다.

꽃가루가 수정되면
씨방이 통통하게 부푼다.

영양제는 바로 효과가 나타나는 속효성

영양제도 있고, 천천히 녹아 나오며 양분을 공급해 주는 완효성 비료도 있는데 구체적 상황마다 다르겠지만 일반적인 상황에선 속효성 영양제가 더 도움이 된다. 우리나라 환경에선 구근 비대를 할 수 있는 기간이 짧기 때문에 완효성 비료가 제 역할을 다 하기도 전에 구근이 휴면기에 들어가기 때문이다.

영양제는 보조적 역할을 할 뿐이라는 것도 명심하자. 탄소는 이온화가 되지 않기 때문에 물에 녹아 뿌리로 흡수되지 않는다는 것만 기억해도 많은 시행착오와 헛수고를 막을 수 있다.

언제 캘 것인가

구근의 수확에 좋은 시기는 정해진 것은 없다. 각자의 환경과 우선순위에 따라 시기가 달라질 수 있기 때문이다. 구근 수확에 영향을 미치는 요소와 그 이유를 알고 있다면 각자의 판단으로 최적의 타이밍을 잡을 수 있다.

늦봄부터 건조해지는 네덜란드는 구근이 땅속에 있어도 물러 썩을 확률이 극히 낮다. 그래서 구근을 수확하는 농가는 잎과 줄기가 말라 비틀어져 흙과 육안으로 구분이 안 될 정도가 되었을 때 구근을 수확한다. 이때 구근을 수확하면 잎과 줄기의 모든 양분이 흙 속으로 옮겨진 후라서 구근이 크고 튼실하다.

하지만 한국은 봄철엔 고온 건조하긴 하나 5월 중순부터 장마로 인해 오랜 비가 내려 구근을 썩게 만들곤 한다. 따라서 최대한 많은

구근을 키우기 위해

꽃머리만 짧게 자를 땐,

자른 꽃을 바로 버리지 말고 담아서 말려 보자.

추식구근은 꽃잎이 마르고 수분이 말라도

형태와 색을 유지하는 편이다.

생화로 함께한 시간이 짧아서 아쉽다면,

마른 꽃으로는 훨씬 오래 함께할 수 있다.

살아 있을 때와는 또 다른 멋으로.

구근을 안전하게 수확하기 위해선 장마가 오기 전 수확하는 것이 좋다. 잎이 완전히 마른 후 캐면 좋겠지만, 그게 어렵다면 잎이 노랗게 변했을 때라도 캐야 한다. 이렇게 캔 구근은 줄기와 잎을 자르지 않은 상태에서 햇빛에 하루 이틀 말리고 그 후엔 빛이 어느 정도 걸러지는 환경에서 2~3주 더 말리다가, 줄기와 잎이 물기 하나 없이 바짝 마르면 그때 줄기와 잎을 잘라 줘야 한다.

비가 내리지 않는 실내 환경은 구근 무름과 부패에 상대적으로 안전하니 잎과 줄기가 바싹 마를 때까지 기다렸다가 수확해도 된다. 다만 공간이 협소하여 화분을 빨리 치워야 한다면 조기에 수확할 수도 있는데, 이때는 수염뿌리가 뜯겨지지 않게 조심히 캔 후 통째로 말렸다가 나중에 잎, 줄기, 뿌리를 손질해 줘야 한다.

주의할 점은 똑같은 품종의 구근을 한 화분에 심어 키우는데 시드는 속도가 제각각이라면 화분에 너무 오래 두어선 안 된다는 것이다. 개화 시 일광과 온도의 차이로 꽃을 피운 시기가 현저하게 차이 났던 경우가 아니라면, 동시에 심어 동시에 꽃을 피운 식물이 서로 다른 속도로 시드는 것은 자연스럽지 않다. 아주 높은 확률로 뿌리에 문제가 생겼을 것이다. 균이나 바이러스가 문제일 수도 있고, 높은 확률로 뿌리파리 유충과 뿌리응애가 설치고 있을 수 있다.

이런 경우엔 조기에 대응하지 않으면 남은 구근에도 영향을 미쳐 구근 전체를 썩게 만들 수 있으니, 시드는 속도가 다르다면 그 이유가 무엇인지 잘 살펴보도록 하자.

싹이 시들지 않는다면

우리가 무비판적으로, 통념으로 받아들이는 상식 중의 하나가 먼저 온 것이 먼저 간다는 것이다. 하지만 식물은 꼭 꽃이 핀 순서대로 시들지는 않는다.

추식구근 중에서 히아신스와 무스카리는 비교적 꽃이 일찍 피는 축에 속하지만 싹은 꽤 늦게까지 남아 광합성을 한다. 온도 관리를 잘한다면 실내에선 6월까지 히아신스의 잎이 남아 있고, 무스카리는 7월 즈음엔 잎이 사그라든다. 그러나 품종에 따라서 또는 환경에 따라서는 8월이 되도록 싹이 시들지 않는 경우가 있다. 이 경우 싹을 그대로 두어도 괜찮다. 설령 싹이 시들지 않아도 다음해에 무리 없이 꽃이 피기 때문이다. 그러나 싹을 시들게 해 주고 싶다면 캐서 보관해야 한다.

캘 때는 잎이 다치지 않게 캐며 뿌리도 가급적 살려서 뽑는 게 좋다. 뿌리째 캔 상태로 햇빛에 펼쳐 말린 후 잎이 어느 정도 시들면 그늘로 가져와 펼쳐 말린다. 그 후 잎과 뿌리, 흙까지 털어낸 후 바람 잘 드는 그늘에 두고 보관하자. 잎과 줄기, 뿌리의 양분과 수분이 구근에 저장되어 구근이 더 커질 것이다.

유기물이 많은 흙은 줄기가 완전히 마르기 전에 캐야 구근의 상태가 좋다.

시들지 않는 무스카리는 꽃을 피우지 않을까?

작년에 구독자를 통해 알게 된 사연이다. 마당에 심은 무스카리가 잎이 시들지 않은 채 가을을 맞이했다고 한다. 나의 경우에도 일부 무스카리 품종이 7월이 다 가도록 잎이 시들지 않아 일부러 캐어 말린 후 식재한 적이 있었기 때문에, 잎이 시들지 않은 무스카리 자체는 신기하지 않았다. 다만 궁금한 것은 개화 여부였다. 여름 휴면기를 갖지 않은 무스카리에 꽃눈이 생길까, 그것이 무척 궁금했다.

다음해가 되고 구독자가 소식을 전했다. 그 무스카리에서 꽃이 피었단다. 여름철에 싹과 뿌리가 시들지 않았고, 광합성을 계속하고도 다음 해에 꽃을 피운 것이다. 왜 그랬을까. 놀랍게도 무스카리는 구근의 휴면기가 따로 없다고 한다. 대신 온도와 습도에 따라 잎이 시들기도, 뿌리가 나기도 한다는 것이다.

무스카리의 꽃눈 분화 조건 온도는 영상 20도이다. 구독자가 알려 준 이 무스카리가 자란 환경은 전북의 약간 고도가 높은 지역이었다. 남한에선 중간 정도의 위도에 자리하여 햇빛은 오래 잘 받으면서도 고도가 높아 온도는 서늘한 환경이었다. 때문에 이 무스카리는 다른 지역의 무스카리가 고온에 휴면기에 들어갈 때 휴면기에 들어가지 않고 잎과 뿌리를 그대로 남긴 채 광합성을 했고, 그러면서도 낮 온도가 20도는 넘었기에 여름에 꽃눈 분화를 할 수 있었던 것이다. 추식구근 안에서도 조금씩 다른 모습을 보이는 이 식물들이 참 신기하고 재밌다.

구근, 보관할 것인가 흙에 둘 것인가

추식구근의 보관 방법은 크게 습식 보관과 건식 보관으로 나눌 수 있다. 습식 보관 방법은 자연에서 자생하던 추식구근의 모습을 살려 그와 유사한 환경에서 구근이 여름을 날 수 있게 하는 것으로, 대부분 촉촉한 흙에 심은 채로 두는 것을 말한다. 건식 보관 방법은 농부의 종자 관리법을 차용한 것으로, 봄에 휴면기에 든 구근을 캐내어 말린 후 바람이 잘 드는 서늘한 곳에서 보관하는 방법이다. 이 방법은 구근 전체적으로 수분과 양분 손실을 초래하는 단점이 있다.

여름에 강수량이 많지 않고 습하지 않은 환경에서는 구근을 캐지 않고 땅에 심어 둔 채 보관하는 습식 방법이 좋지만, 우리나라처럼 여름철에 강수량이 집중되고, 구근을 먹는 천적이 많은 환경에서는 봄에 구근을 캐어 보관하는 건식 보관 방법이 이점이 많다. 그러나 모든 구근이 다 습한 환경에 취약하고 병균에 약한 것은 아니기 때문에 추식구근 안에서도 보관 방법은 세세하게 달라질 수 있다. 튤립과 알리움처럼 고라니나 멧돼지, 민달팽이와 뿌리응애 등의 동물들이 선호하는 구근은 캐서 보관하는 것이 좋고, 수선화처럼 잘 썩지 않고 누가 먹지도 않는 구근은 안 캐는 것이 좋다. 그렇다고는 하나 키우는 환경의 흙 배합과 통기성, 배수성은 집마다 다 다르니, 심은 첫 해 구근의 상태를 잘 지켜보며 어느 방법이 최선인지 판단하도록 하자.

실내 환경의 경우 여러 번의 소독에도 불구하고 뿌리응애가 소량

살아 남아 휴지기 동안 구근을 파먹을 수 있다. 혹은 뿌리응애가 박멸되었다고 하더라도 뿌리파리가 가장 선호하는 흙 환경이 구근이 심긴 흙이기 때문에, 뿌리파리 유충에 의해 구근이 썩어 버릴 수도 있다. 실내 환경은 해충의 천적이 없는 환경이기 때문에 웬만하면 이런 해충의 공격에 대비하는 형태로 가드닝을 해야 한다.

구근을 수확하여 말리고 나면 바람이 통하는 서늘한 환경에서 보관하는 것이 좋다. 유의할 점은 여름철 구근의 최적의 보관 온도는 30도 전후라는 것이다. 너무 추운 환경, 혹은 너무 더운 환경이라면 그 점을 보완하여 최선의 환경을 만들어 줘야 한다.

구근을 보관할 때 수확한 구근이 소량이라면 분화된 구근을 쪼갠 상태로 보관해도 괜찮다. 그러나 양이 많아진다면 가급적 모구에 자구가 붙어 있는 형태로 담아서 보관하는 것이 좋다. 크기가 작아질수록 밀도가 올라가며 빈 공간이 줄어들기 때문이다.

마늘 농가에서는 수확한 마늘을 비싼 값에 팔기 위해 구근을 쪼개지 않고 수확한 그대로-통으로 보관한다. 구근을 쪼개는 데 많은 공력이 들어가기 때문에 통마늘보다 쪼갠 마늘이 더 비싸게 팔릴 것 같은데, 오히려 반대로 마늘을 쪼개면 제아무리 알이 굵어도 헐값이 된다. 잘게 쪼개진 마늘이 마늘망에 촘촘히 담기면서 공기가 잘 안 통해 마늘이 금

구근은 바람 드는 그늘에서 보관한다.

방 썩어 버리기 때문이다. 이 때문에 마늘 농가는 마늘을 심을 시기에 임박해서야 마늘을 쪼개기 시작한다. 그들의 지혜를 우리도 마음에 깊게 새길 필요가 있다.

구근은 어떤 방식으로 새 구근을 만들어 낼까

구근이 생성되며 번식하는 점은 모든 추식구근이 동일하지만, 세부적으로 구근이 번식하는 과정은 많이 다르다.

우선 튤립과 일부 알리움은 마늘과 비슷하다고 보면 된다. 모구 속에서 새로운 구근이 분할되어 생기고, 모구는 완전히 사라진다. 일종의 쌍둥이 같은 것이다. 그래서 우리가 자구라 부르는 것은 엄밀히 따지면 모구의 자식은 아니다. 그보다는 영양분을 덜 먹고 작게 분구된 막내 동생이라고 보는 것이 더 타당하다.

히아신스와 무스카리는 쉴라, 푸쉬키니아는 양파를 닮았다. 모구의 중심 심지에서 새로운 인편과 함께 가끔 자구도 생긴다. 기간이 경과함에 따라 나이테가 불어나듯 인편도 점점 바깥쪽으로 밀려 나가며 속의 자구도 조금씩 부풀며 성장한다. 인편 가장 바깥쪽으로 밀려 날 때쯤엔 자기 몫은 할 수 있을 정도로 성장하게 되는데, 기저부를 공유한다면 아직은 독립할 준비가 덜 됐다는 뜻이기 때문에 억제로 떼어 내서 심는 것은 좋지 않다. 하지만 자연스레 떨어진 구근이 있다면 늦봄에 구근을 수확한 후 새로 심을 때 거리를 두고 심으면 좋다.

수선화는 쪽파를 닮았다. 모구는 그대로 있고 그 품 안에서 자구가 분화되어 서서히 독립한다. 수선화는 구근이 낱개로 있는 것보단 형제 자매와 붙어 자라는 걸 선호한다. 그래서 구근을 낱개로 다 떼어 심으면 그해 꽃을 피우지 않거나, 꽃의 개수가 줄어드는 경우도 허다하다. 구근 번식도 쪽수가 불어날수록 시너지가 더 난다. 낱개보다 여러 개 심은 쪽이 분구가 더 잘된다는 것은 아니다. 그보다는 규모의 경제에 더 가깝다고 보면 된다.

붙어 있는 구근들은 심지라 부르는 기저부를 공유한다. 이 기저부를 통해 수분과 양분이 양쪽으로 이동한다. 크기가 작은 구근은 그해 꽃을 피우지 않는 대신 광합성을 해서 만든 양분으로 형의 개화를 도와주기도 하고, 뿌리를 멀리 뻗어 혼자였으면 먹지 못했을 영양분과 수분을 흡수하기도 한다. 함께하기 때문에 더 많은 기회를 얻고 더 많이 먹고 더 많이 양분을 저장하는 것이다. 그래서 보통은 수확하면 낱개로 쪼개 멀리 떨어뜨려 심는 다른 추식구근과 달리, 수선화는 구근 수확 후 새로 심을 땐 기저부를 공유하는 구근을 굳이 떼지 않고 그대로 심어 준다. 이렇게 몇 년 키우다 보면 새로 생겨난 구근들이 옆으로 뻗는 데 한계를 느끼고 위로 솟구쳐 분구하기도 한다. 이쯤 되면 구근을 3~4개로 묶어 쪼갠 후 거리를 두고 다시 심어 준다. 한 번 심은 구근을 가을마다 낱개로 쪼개어 새로 심는 것보단 처음 심을 때 3~4개의 구근으로 뭉쳐 심은 후 3~4년 뒤에 쪼개어 다시 심는 것이 좋다.

아이페이온은 달래를 닮았다. 모구는 튤립처럼 쪼개지면서 옆으로는 히아신스처럼 자구를 줄줄이 단다. 가을에 꽃을 피우지만 추식구근과 계통적으로 거의 동일한 산부추도 아이페이온과 같은 번식 과정을 밟는다.

프리지아와 크로커스는 모구의 양분을 끌어다 완전히 새로운 구근들이 오종종 생겨나는 점에서 튤립과 유사한 부분이 많다. 하지만 튤립이 모구의 외피 안에서 구근들이 분구되는 것과 달리 프리지아는 모구를 심지 삼아 그 둘레를 빙 둘러 새로운 구근을 만들어 낸다. 봄에 구근을 수확할 때는 모구의 양분이 자구에 완전히 이동하지 않은 경우가 많으므로, 이때 구근을 떼어 내면 자구가 양분을 충분히 받지 못해 작다. 모구에서 자구들이 떨어지지 않게 조심히 캔 후 구근을 떼어 내는 작업은 여름이 지나 가을에 해 주는 것이 좋다. 모구는 얇은 나뭇가지처럼 말라 있으니 그냥 떼어 버리면 된다. 모구의 소명은 끝났으니 말이다.

크로커스의 모구는 여름 내내 자구에게
자기의 모든 것을 전해 주고 떠난다.

Part 6
그리고 여름,
꽃이 만들어지는 시간

분화된 구근이 미동도 하지 않는다. 구근이 돌멩이처럼 여겨지기도 하는, 여름이 왔다.

겨울에도 그렇지만, 여름의 정적은 표면상으로만 봤을 때이다. 안으로 들어가보면 그 어느 때보다 구근은 치열하게 자기와 싸우고 있다.

이렇게 혼자와의 싸움을 하고 있을 때는 최대한 안 건드리는 게 상책이다. 뭔가 돕고 싶다면 그 마음이 드는 나 자신과 싸우자. 안 도와주는 게 도와주는 것이라는 말이 가장 잘 어울리는 상황이 바로 지금이다.

다만 구근을 도울 필요는 없다 해도, 우리가 구근 앞길을 막거나 발목을 잡을 수는 있다. 이제부터 그 통탄할 실수에 대해 말하고자 한다.

구근 보관:
냉장고에 넣어야 할까?

대부분의 추식구근은 여름에 휴면기에 들어간다. 예를 들어 무스카리의 경우, 여름이라고 꼭 휴면기에 들어가는 것은 아니지만, 온도 조건이 맞으면 잎이 시들고 휴면기에 들어가 버린다.

휴면기라는 이름 때문에 구근이 휴면기 동안 그냥 잠만 자고 아무것도 안 할 거라 생각하지만 실상은 그렇지 않다. 우리 눈에 아무것도 보이지 않아서 잠든 것처럼 보일 뿐, 구근은 보이지 않는 그 깊은 곳에서 가장 큰 변화를 맞이한다. 바로 분화이다.

구근에 꽃을 피우기에 충분한 양분이 저장되면 휴면기 동안 구근 안에서는 꽃눈이 분화한다. 만약 양분이 부족하다면 잎만 생긴다. 튤립의 경우 꽃눈은 총 7단계에 걸쳐 분화된다. 처음에는 구근 내 생장점이 납작해지지만, 이내 볼록해지며 잎이 생기기 시작한다. 바깥 꽃잎이 먼저 생기고 그다음엔 안쪽 꽃잎이 생긴다. 곧이어 바깥 수술과 앞쪽 수술이 생기고, 마지막으로 암술이 삼각형으로 갈라지며 분화가 종료된다.

이 과정엔 약 2달이라는 시간이 필요한데, 이때 온도는 20도를 넘되 지나친 고온에 노출되지 않아야 한다. 만약 꽃눈이 분화되기 전에 구근을 저온에 보관하면 꽃이 없이 잎만 피는 구근이 되어 버린다.

추식구근에 대한 정보가 부족할 때는 추식구근 생장에 '저온 처리'가 꼭 필요하다는 말에, 가을에 구근을 심기 전엔 꼭 저온 보관을 해서 저온 처리를 해야 하는 줄 알았다. 그러나 저온 처리는 가을철 밤중에 온도가 떨어지는 것만으로도 충분히 되는 것임을 경험을 통해 알게 되었다. 그러니 굳이 여름에 구근을 냉장 보관할 필요는 없다.

특별한 목적에 의해 구근 수확 후 상온에서 2달 동안 보관했다가 여름철 잠깐 구근을 냉장 보관하여 저온 처리를 하는 것은 어떨까? 이론적으론 문제없어 보이지만 실제로는 위험 요소가 많다. 우선 첫 번째로 냉장 보관은 보통 냉장고 보관을 말하는 경우가 많은데, 냉장고에는 채소나 과일이 함께 보관되어 있어서 이들 생물에서 나오는 에틸렌 가스로 인해 구근의 꽃눈이 망가지기 쉽다. 구근만을 단독으로 보관하는 냉장고나 저장고가 있다면 모를까, 다른 품목도 함께 저장해야 한다면 아예 하지 않는 편이 낫다.

또 단독 저장고를 사용한다고 해도 꽃눈 분화가 제대로 되어 있

구근은 쪼개지 않고 보관하다 심기 전에 떼어 내는 것이 좋다.
줄기는 약간 길게 잘라 해당 품종의 이름을 적은 리본을 묶어 두면
품종 간 섞이는 것을 막을 수 있다.

지 않아 꽃이 제대로 안 필 수 있다. 2달간 상온 보관 시 꽃눈 분화 작업이 제대로 안 되었을 가능성도 있기 때문이다. 구근을 생산하는 네덜란드 농가에서는 G-스테이지 작업 시 중간중간 구근을 절반으로 잘라 꽃눈 분화가 잘되고 있는지 확인하고 있다. 그렇게 샘플을 통해 꽃눈 분화가 잘되었는지 확인을 하는데도 가끔 꽃눈 분화가 안된 구근들이 발생하는데, 일반 가정에서 하는 꽃눈 분화를 어찌 100% 장담할 수 있을까. 구근을 소량 보관하면서 중간중간 진행 상황을 체크하기 위해 구근을 쪼갠다면 득보다 실이 더 큰 작업일 것이다.

그래서 대량으로 작업하는 농가가 아니라면 소량 키우는 가드너가 이 작업을 진행하기엔 리스크가 적지 않다. 그러니 이런 점도 고려하여 냉장 보관 여부를 고민하면 좋겠다. 다시 한번 말하지만, 여름에 저온 처리를 하지 않아도 추식구근은 봄에 꽃을 피운다. 오히려 저온 처리를 하면 생장 속도가 빨라 심자마자 뿌리가 나고 싹이 나기 때문에 원치 않은 계절에 꽃을 감상할 수도 있다. 애초에 저온 처리를 한 '유냉 구근'은 속성 재배를 통한 절화 생산을 목적으로 만들어지니, 느린 호흡으로 키우는 가드닝에는 맞지 않다. 그러니, 그것을 원하는 것이 아니라면 저온 처리 구근을 만들거나 구입하는 것은 지양하도록 하자.

구근을 보관할 때
주의해야 할 점

추식구근은 바람이 통하는 서늘한 곳에 보관하라고 한다. 여기에 조금 디테일을 더해 살펴보자.

먼저 구근을 보관하는 곳에 대해 보면, 일반적으로는 마늘망이나 양파망처럼 구멍이 뚫린 곳에 구근을 보관한다. 추식구근용 망사망을 따로 팔진 않기 때문에 보통은 쓰고 난 마늘망과 양파망을 재사용하는데, 이때 망사망에 붙어 있던 해충이 추식구근에 옮겨 가는 일이 생길 수 있다. 그래서 망사망을 재사용할 때는 반드시 뜨거운 물로 소독을 하고 말린 후 사용해야 한다.

신문지에 싸서 종이상자에 보관하는 경우도 있는데, 이때 신문지를 헐겁게 싸야 공기가 잘 통한다. 종이 자체엔 수분이 없지만 구근이 여름 기간 마르면서 증발된 수증기가 신문지에 맺혀 젖을 수가 있다. 이런 경우 구근에 곰팡이가 필 수도 있으므로, 많은 구근을 보관하고자 한다면 신문지 포장과 적재 시에 통풍에 신경을 많이 써야 한다.

폴리백 같은 비닐용기에 보관하는 것은 리스크가 매우 높다. 간혹 구근을 구입할 때 비닐팩에 담아 보내는 경우가 있어서 그렇게 구근을 보관해도 괜찮은 줄로 오해하기도 하는데 단기간 보관엔 문제가 없지만 장기간 보관엔 문제가 많다. 특히 봄에 캔 구근은 말린다고 말려도 수분량이 많다. 이로 인해 여름철 구근의 수분이 마르며 맺힌 수분이 구근을 썩게 할 수 있으니, 비닐팩에 밀봉하여 보관하는 일이 없도록 해야 한다.

자구는 되도록 떼지 않고 모구나 꽃대에 붙어 있는 형태로 보관하되, 한 달에 한 번씩 풀어서 흩어 놓는다. 그다음 마르고 상한 구근을 추려 내고 하루 이틀 말렸다가 담아 주는 것이 좋다. 이 과정에서 마르고 상한 구근의 시인死因을 분석하는 작업도 겸해 주면 좋다. 일반적인 구근 부패병은 큰 문제가 없지만, 뿌리응애나 뿌리파리 유충으로 인한 죽음이라면 약제 소독이라는 후속 조치를 해 줘야 한다.

건조하게 보관했다고 하더라도 물이 튀었다거나, 비를 맞았다거나, 장마로 오랫동안 습도가 높다거나 하면 구근에 곰팡이가 생길수도 있다. 이때 생기는 곰팡이는 푸른 곰팡이도 있지만 까만 곰팡이도 있다. 이 경우엔 꼭 약제로 소독할 필요는 없고 가볍게 닦는 정도로도 충분하다. 심한 경우엔 씻었다가 말리면 되는데, 말릴 때에는 하루 이틀 정도 약한 햇빛에 내놓아 말리고, 그다음엔 반그늘에서 2주 이상 말려야 한다. 이렇게 한다면 좋은 컨디션으로 구근을 보관할 수 있을 것이다.

사용한 도구의 관리와
흙의 재사용 여부

구근을 수확하고 나면 다량의 흙과 화분이 남는다. 이를 어찌하면 좋을까?

우선 구근 키우기에 동원된 도구의 관리에 대해서 알아보자. 우선 가장 중요한 것은 가위다. 꽃대나 잎을 자른 가위는 반드시 알코올이나 뜨거운 물로 소독한 후 말렸다 사용해야 한다. 구근에 있는 바이러스가 다른 식물에게 옮겨질 수 있기 때문이다. 모종삽이나 화분은 소독을 할 필요는 없지만 깨끗하게 씻어서 말렸다가 재사용하는 것이 좋다. 마찬가지로 구근에 있었던 바이러스나 병해가 흙을 통해 다른 식물에게 옮겨 갈 수 있기 때문이다.

구근을 심었던 흙은 어떻게 할까. 이것은 개인의 상황과 판단에 따라 답이 달라질 수도 있지만, 기본적으로는 흙에 미처 발견 못한 해충이 남아 있을 수 있으므로, 구근 식물에 재사용하는 것은 추천하지 않는다. 그리고 해충 문제를 제외하더라도 양분의 측면에서 염려되는 부분이 있다. 바로 어떤 양분이 어느 정도의 양으로 남아 있는지 알 수 없다는 점이다. 알다시피 식물은 편식을 한다. 그때그때의 필요에 따라 양분을 흡수하므로, 어떤 양분을 많이 흡수해서 썼는지, 그래서 어떤 양분이 많이 남아 있는지는 토양 분석을 하지 않은 이상 알기 어렵다.

이런 리스크가 있을 땐 그냥 흙을 버리는 게 좋지만, 만약 흙을 재사용하고 싶다면 비료의 약해가 적은 식물에게 쓰는 것이 안전하다. 수국이나 애니시다 같은 식물은 비료를 많이 주어도 잘 죽지 않은 식물이다. 이런 식물에게 흙을 웃거름을 주듯 복토하여 준다면 가장 안전하게 흙을 재사용하는 방법이 될 것이다.

그 외에도 화분에 쓰고 남은 흙을 채운 후 보리나 귀리 등의 씨앗을 뿌려 키운 뒤, 20~30cm 정도 자랐을 때 잘라서 섞어서 숙성하여 쓰는 방법도 있다. 네이버에서 블로그를 운영하는 '프로개' 님에게 배운 방법이다. 이것은 '녹비綠肥' 중의 하나로, 녹비란 생풀이나 생나무 잎으로 만들어 충분히 썩지 않은 거름을 말한다.

쓰고 남은 흙은 대부분 질소가 부족한 경우가 많은데, 녹비 식물은 흙 속에서 다양한 양분을 쑥쑥 먹고 자라 광합성을 통해 풍부한 탄소와 질소를 식물체에 저장한 후 이를 흙에 돌려주기 때문에 토양의 양분 불균형을 해소하고 탄소와 질소를 공급하는 데 도움이 된다.

흙 속 양분을 골고루 잘 먹고 금방 썩을 수 있다면 그것이 무엇이

든 녹비 식물이 될 수 있는데, 그중 보리와 귀리를 추천하는 이유는, 그것들이 자랐을 때 시각적 만족이 크기 때문이다. 일전에 이 작업을 위해 보리를 키워 봤는데, 집에서 잔디도 키우냐며, 너무 예쁘다는 말을 많이 들었다. 여름날에 햇빛을 받으며 반짝반짝하는 어린 보리도 꽤 아름답다. 만약 공간적 여유가 된다면 이런 작업도 해 보시라고 추천하고 싶다. 다만, 이 경우에도 흙 속 어딘가에 뿌리응애가 남아 있을 수 있으니, 숙성한 흙은 꼭 구근 식물이 아닌 다른 식물에게 사용하길 권한다.

이 모든 과정이 다 끝나면 이제 다시 가을이다.

제대로 한 번만 추식구근을 키워 보면, 그다음부터는 혼자서도 잘할 수 있겠지만, 아직 가이드가 필요한 분들을 위해 도돌이표를 남긴다. ▌

감사의 말

강의를 나갈 때마다 수강생들에게 말하는 내용이지만, 나는 예전에 식물을 그만 키우겠다고 다짐했던 적이 있다. 좋아서 사 온 식물이 자꾸 죽어 나가니 식물에게 미안하다 못해 내가 싫어졌던 것이다. 더 이상 죄를 짓지 않겠다고, 나는 식물을 절대 키울 수 없는 사람이라며 결혼 전에 식물 키우는 것을 2, 3년 포기했었다. 그랬는데 이제는 동향에서도 식물등 없이 식물을 반짝반짝 키우고, 봄마다 예쁜 꽃을 왕창 피워 내는 사람이 되었다. 엄마 모습을 그리라고 하면 항상 식물을 가꾸는 모습을 그리는 아이는 엄마에게 식물연쇄살인마 시절이 있었다는 것을 믿지 못할지도 모른다. 이제와 돌이켜 보면 애정 때문에 식물을 죽였지만, 그 애정 때문에 식물을 키우고 살리는 사람이 된 것 같다. 진심의 마음은 부족한 경험과 지식을 끝끝내 채우게 하는 것 같다.

실패할 것이 분명한 도전을 막무가내로 부추기진 않겠다. 고작 작은 식물일지라도, 실패의 경험은 우리에게 극복하기 힘든 쓰라림을 주기도 하기 때문이다. 또 식물에 대한 애정은 타인의 식생활을 관찰하고 응원하는 방식으로 존재할 수도 있다는 것을 이제는 인정한다.

다만 실패할 가능성이 높은데도 도전을 해 보고 싶다 하면 열심히 응원해 주고 싶다. 이 책은 그런 돈키호테들을 위해 쓰여졌다.

여기에 담은 나의 성공과 실패의 경험, 지식, 그리고 어쩌면 나중에(아니면 생각보다 빨리) 밝혀질 나의 오판 등은 이런 돈키호테들의 성장의 발판이 될 것이다. 북향의 식물등 아래에서 핀 라넌큘러스도, 남향의 토분 위에서 자란 난쟁이 튤립도, 나는 응원한다.

그러니 모두 진심이 성공하시길 바란다.

마지막으로, 내 채널의 구독자분들에게 감사 인사를 드리고 싶다. 동향의 작은 베란다의 경험으로는 이 책을 쓸 수 없었을 것이다. 유튜브 댓글과 각종 SNS를 통해 들은 그분들의 경험 덕분에 책과 논문에선 얻지 못했던 내용들을 도출해 낼 수 있었다. 여러분들이 내어 주신 그 작은 시간과 마음이 이 책을 함께 완성했다.

바쁜 시간을 내어 책의 검수를 도와주신 〈우리화훼종묘〉와 아버지에게도 감사 인사를 드린다. 그분들의 현장에서의 오랜 경험이 이 책에 무게를 더하였다. 앞으로도 각자의 위치에서 우리나라의 추식구근 산업 발전에 기여해 주시길 애호인으로서 응원하며 부탁드린다.

추식구근
시기 일람표

추식구근 이름	과	심는 시기	꽃이 피는 시기
갈란투스 (스노우 드롭)	수선화과	9월~12월	1월~3월
구근 아이리스	붓꽃과	10월~2월	3월~5월
라넌큘러스	미나리아재빗과	9월~1월	12월~5월
레코줌 (스노우 플레이크)	수선화과	10월~12월	4월~6월
무스카리	백합과	9월~12월	3월~5월
블루벨	백합과	10월~2월	3월~5월
수선화	수선화과	9월~1월	1월~5월
쉴라	백합과	10월~2월	3월~5월
아네모네	미나리아재빗과	2월~11월	4월~7월
알리움	백합과	9월~2월	4월~6월
오니소갈룸	백합과	1월~5월	4월~8월

추식구근
시기 일람표

추식구근 이름	과	심는 시기	꽃이 피는 시기
치오노독사 (설광화)	백합과	9월~2월	3월~5월
카마시아	백합과	9월~1월	4월~6월
콜치컴	백합과	8월~10월	9월~11월
크로커스	붓꽃과	10월~2월	2월~4월
튤립	백합과	10월~2월	3월~5월
푸쉬키니아	백합과	10월~2월	3월~5월
프리지아	붓꽃과	9월~2월	3월~6월
프리틸라리아	백합과	9월~1월	3월~5월
히아신스	무릇아과	9월~2월	2월~5월
히야신소이데스	백합과	9월~12월	4월~6월

가을에 심는
구근 이야기
가을부터 봄까지,
꽃이 건네는 따뜻한 위로

초판 인쇄 2024년 10월 10일
초판 발행 2024년 10월 15일

지은이 조자영
펴낸이 조승식
펴낸곳 돌배나무
등록 제2019-000003호
주소 서울시 강북구 한천로 153길 17
전화 02-994-0071
팩스 02-994-0073
인스타그램 @bookshill_official
블로그 blog.naver.com/booksgogo
이메일 bookshill@bookshill.com

ISBN 979-11-90855-46-4
정가 17,000원